经济管理虚拟仿真实验系列教材

创新思维经典案例评析

Chuangxin Siwei Jingdian Anli Pingxi

李虹　主编

西南财经大学出版社
Southwestern University of Finance & Economics Press
中国·成都

图书在版编目(CIP)数据

创新思维经典案例评析/李虹主编.—成都:西南财经大学出版社,2022.11
ISBN 978-7-5504-4860-5

Ⅰ.①创… Ⅱ.①李… Ⅲ.①创造性思维—教材 Ⅳ.①B804.4

中国版本图书馆 CIP 数据核字(2021)第 078324 号

创新思维经典案例评析
李虹　主编

责任编辑:陈何真璐
责任校对:金欣蕾
封面设计:杨红鹰　张姗姗
责任印制:朱曼丽

出版发行	西南财经大学出版社(四川省成都市光华村街 55 号)
网　　址	http://cbs.swufe.edu.cn
电子邮件	bookcj@swufe.edu.cn
邮政编码	610074
电　　话	028-87353785
照　　排	四川胜翔数码印务设计有限公司
印　　刷	郫县犀浦印刷厂
成品尺寸	185mm×260mm
印　　张	6.75
字　　数	129 千字
版　　次	2022 年 11 月第 1 版
印　　次	2022 年 11 月第 1 次印刷
印　　数	1— 2000 册
书　　号	ISBN 978-7-5504-4860-5
定　　价	22.80 元

总序

高等教育的任务是培养具有实践能力和创新创业精神的高素质人才。实践出真知。实践是检验真理的唯一标准。大学生的知识、能力、素养不仅来源于书本理论与老师的言传身教，更来源于实践感悟与经历体验。

我国高等教育从精英教育向大众化教育转变，客观上要求高校更加重视培育学生的实践能力和创新创业精神。以往，各高校主要通过让学生到企事业单位和政府机关实习的方式来训练学生的实践能力。但随着高校不断扩招，传统的实践教学模式受到学生人数多、岗位少、成本高等多重因素的影响，越来越无法满足实践教学的需要，学生的实践能力的培育越来越得不到保障。鉴于此，各高校开始探索通过实验教学和校内实训的方式来缓解上述矛盾，而实验教学也逐步成为人才培养中不可替代的途径和手段。目前，大多数高校已经认识到实验教学的重要性，认为理论教学和实验教学是培养学生能力和素质的两种同等重要的手段，二者相辅相成、相得益彰。

相对于理工类实验教学而言，经济管理类实验教学起步较晚，发展相对滞后。在实验课程体系、教学内容（实验项目）、教学方法、教学手段、实验教材等诸多方面，经济管理实验教学都尚在探索之中。要充分发挥实验教学在经济管理类专业人才培养中的作用，需要进一步深化实验教学的改革、创新、研究与实践。

重庆工商大学作为具有鲜明财经特色的高水平多科性大学，高度重视并积极探索经济管理实验教学建设与改革的路径。学校经济管理实验教学中心于2006年被评为"重庆市市级实验教学示范中心"，2007年被确定为"国家级实验教学示范中心建设单位"，2012年11月顺利通过验收成为"国家级实验教学示范中心"。经过多年的努力，我校经济管理实验教学改革取得了一系列成果，按照能力导向构建了包括学科基础实验课程、专业基础实验课程、专业综合实验课程、学科综合实验（实训）课程和创新创业类课程五大层次的实验课程体系，真正体现了"实验教学与理论教学并重、实验教学相对独立"的实验教学理念，并且建立了形式多样，以过程为重心、以学生为中心、以能力为本位的实验教学方法体系和考核评价体系。

2013年以来，学校积极落实教育部及重庆市教委建设国家级虚拟仿真实验教学中心的相关文件精神，按照"虚实结合、相互补充、能实不虚"的原则，坚持以能力为导向的人才培养方案制定思路，以"培养学生分析力、创造力和领导力等创新创业能力"为目标，以"推动信息化条件下自主学习、探究学习、协作学习、创新学习、创业学习等实验教学方法改革”为方向，创造性地构建了“‘123456’经济管理虚拟仿真实验教学资源体系”，即“一个目标”（培养具有分析力、创造力和领导力，适应经济社会发展需要的经济管理实践与创新创业人才）、“两个课堂”（实体实验课堂和虚拟仿真实验课堂）、“三种类型”（基础型、综合型、创新创业型实验项目）、“四大载体”（学科专业开放实验平台、跨学科综合实训及竞赛平台、创业实战综合经营平台和实验教学研发平台）、“五类资源”（课程、项目、软件、案例、数据）、“六个结合”（虚拟资源与实体资源结合、资源与平台结合、专业资源与创业资源结合、实验教学与科学研究结合、模拟与实战结合、自主研发与合作共建结合）。

为进一步加强实验教学建设，在原有基础上继续展示我校实验教学改革成果，由学校经济管理虚拟仿真实验教学指导委员会统筹部署和安排，计划推进“经济管理虚拟仿真实验系列教材”的撰写和出版工作。本系列教材将在继续体现系统性、综合性、实用性等特点的基础上，积极展示虚拟仿真实验教学的新探索，其所包含的实验项目设计将综合采用虚拟现实、软件模拟、流程仿真、角色扮演、O2O 操练等多种手段，为培养具有分析力、创造力和领导力，适应经济社会发展需要的经济管理实践与创新创业人才提供更加“接地气”的丰富资源和“生于斯、长于斯”的充足养料。

本系列教材的编写团队具有丰富的实验教学经验和专业实践经历，一些作者还是来自相关行业和企业的实务专家。他们勤勉耕耘的治学精神和扎实深厚的执业功底必将为读者带来智慧的火花和思想的启迪。希望读者能够从中受益。在此对编者们付出的辛勤劳动表示衷心感谢。

毋庸讳言，编写经济管理类虚拟仿真实验教材是一种具有挑战性的开拓与尝试，加之虚拟仿真实验教学和实践本身还在不断地丰富与发展，因此，本系列实验教材必然存在一些不足甚至错误，恳请同行和读者批评指正。我们希望本系列教材能够推动我国经济管理虚拟仿真实验教学的创新发展，能为培养具有实践能力和创新创业精神的高素质人才尽绵薄之力！

重庆工商大学校长、教授

2017 年 12 月 25 日

前言

为贯彻落实《国务院办公厅关于进一步支持大学生创新创业的指导意见》（国办发〔2021〕35号），不断提升大学生创新创业能力、增强大学生创新创业活力，我们根据国家相关文件精神，经过数年的教学实践探索与经验总结，编写了这本集创新思维训练与创新思维案例于一体的教材。

《创新思维经典案例评析》分上下两篇，上篇包括创新思维概述及基本创新思维方法的介绍等，下篇包括创新经典案例评析。本教材的上篇旨在探索创新思维过程，揭示创新思维本质，培养学生的创新意识，讲清人人都能创新和事事都能创新原理性内容；下篇旨在通过经典创新思维案例，分析国内外已经有的创新思维方法及运用，指导学生有意识地运用创新思维进行选择、策划、创意、设计和解决实际生活中的问题。

本教材上篇由李虹编写，涵盖创新思维基本概述、发散思维与形象思维、批判性思维与颠覆性思维和创新思维训练等内容；下篇由李虹和艾熙共同编写，重点对创新经典案例进行评析。

在商业领域，创新不是为了标新立异，而是为了创造效益，这样的创新才可称为“有效创新”。有效创新才是发展的真道理。我们希望通过对经典案例的剖析，将创新思维训练方法、要点结合起来，提高学生的科学探究等高阶思维能力。

编者

2022年6月

目 录

上篇 基础篇

下篇　创新经典案例评析

上篇　基础篇

第一章　创新概述

第一节　创新的内涵与类型

在商业领域，创新不是为了标新立异，而是为了在实现想法与做法统一的基础上产生效益，这样的创新才可称为“有效创新”。如果说创新是发展的硬道理；那么，有效创新才是发展的真道理。在信息技术高度发达的未来社会，公开透明成为社会的主流发展趋势，你能想到的，别人也能想到，但你能做到的，别人不一定能做到。所以，创新的方式也应该因环境的改变而转变。

一、创新的内涵

创新（innovation）一词源于拉丁语，原意有三：更新、创造新的东西、改变。创新的内涵从不同视角、在不同阶段，有不同的表述。

从哲学视角来看，创新是指人类矛盾再创造的实践行为，打破旧的矛盾关系，形成新的矛盾关系，这是一个认识不断深化的辩证过程。从认识的角度来说，创新首先发源于人对这个世界的认识——更有广度、更有深度地观察和思考这个世界；从实践的角度来说，创新就是能将这种认识转变为贯穿于学习、生活、工作各个细节的一种习惯；从辩证法的角度来说，创新是一个肯定、否定、肯定之否定、否定之肯定的过程，不断的否定是创新的基础。

从创新思想的历史演变来看，创新经历了一个从创新 1.0 到创新 2.0 的发展过程。几乎有关创新创业的教科书都会提到有关创新思想发展的一个重要时期，即 20 世纪 60 年代。随着新技术革命的迅猛发展，人类创新进入了以“技术创新”为主导的阶段。美国经济学家华尔特·惠特曼·罗斯托（Walt Whitman Rostow，1916）提出了“起飞”六阶段理论，将“创新”的概念发展为“技术创新”。20 世纪七八十年代，系统的技术创新理论开始形成，创新的“市场实现”与“商业化应用”问题被提出。我国于 20 世纪 80 年代开始了技术创新方面的研究。进入 21 世纪以后，“技术进步”与“应用创新”“双螺旋结构”共同演进的创新思路，实际上是创新 1.0 向创新 2.0 的转变。创新

1.0以技术为出发点，创新2.0以人为出发点。参照《复杂性科学视野下的科技创新》的论述来理解创新2.0的定义：创新2.0是“以用户为中心，以社会实践为舞台，以共同创新、开放创新为特点的用户参与的创新”。

二、创新的类型

了解创新的类型有利于掌握创新的范畴，拓展创新的空间。美籍奥地利政治经济学家约瑟夫·熊彼特（Joseph Alois Schumpeter）在提出创新概念时把创新分为五种类型：

①引进新产品；

②引用新技术，即新的生产方法；

③开辟新市场；

④控制原材料的新供应来源；

⑤实现企业的新组织。

目前很多学者把创新分为四种类型：知识创新、技术创新、管理创新、方法创新。

（一）知识创新

知识创新是指通过科学研究，包括基础研究，获得新的基础科学和技术科学知识的过程。知识创新的目的是追求新发现、探索新规律、创立新学说、创造新方法、积累新知识。知识创新是技术创新的基础，是新技术和新发明的源泉，是促进科技进步和经济增长的革命性力量。知识创新为人类认识世界、改造世界提供新理论和新方法，为人类文明进步和社会发展提供不竭动力。

（二）技术创新

在20世纪60年代就有人提出“技术创新”的定义。从“技术创新”定义的演变来看，它不是单纯指“技术”的“创新”，而是注重“首次应用”与“市场化”。技术创新的定义是：技术创新是以创造新技术为目的的创新或以科学技术知识及其创造的资源为基础的创新。

技术不仅要转化为生产力，更要转化为市场力，这才是真正的技术创新。曾经有人设计了一款“无电保暖鞋”，这种鞋只有在用脚猛踩时才会发热，但如果坐着不动就不会发热。实际上，人在运动过程中无须穿“保暖鞋”也会很暖和，关键是坐着的时候需要保暖。很明显，这款产品没能撬动顾客的需求。

（三）管理创新

管理创新主要是指一个组织的创新，即通过培育组织的创造性思维与创新文化，把新的管理思路、管理文化、管理手段、管理技术、管理模式、管理人才等管理要素或要素组合引入企业管理系统，并将其转换为有用的产品、服务或作业方法的过程。

在管理创新过程中，有一种现象往往被人忽视，那就是“过度管理”。面对这种情况，最简单的创新办法就是从“管控”转为“疏导”，从“惩罚”转为“奖励”。如果管理成本大于通过管理所能获得的收益，那就无须管理。有些事情根本没有办法量化与考核，也无须管理，只能靠被管理者的自觉性与责任心，但多余的责任心也会阻碍管理创新。

（四）方法创新

方法创新与知识创新、技术创新、管理创新存在交集，但人们在日常生活、企业经营、组织管理等活动中，确实常常应用到“方法创新”。“授之以鱼不如授之以渔”“工欲善其事，必先利其器”等都是强调“方法”的重要性。

如果把创新分为“想到”与“做到”两个方面，方法创新就是把想到的创意“做到，做好，做得人人满意且有效益”的过程。英语中有个单词叫“solution”，在软件业与咨询业应用的频率非常高，意思是说，它们提供有关问题的解决方案。方法创新可以理解为“解决方案”的创新，是解决“遐想落地”问题。要在当今的信息化社会占有一席之地，没有想法肯定不行，但想法不能落地也毫无意义。

上述四种创新类型，可以归为三类：第一类是硬件创新，是指物化的创新过程，如数控机床的诞生；第二类是软件创新，是指固化的创新过程，把人类活动的流程、经验、知识等固化在计算机软件、信息系统中，可以大大简化流程，节省人工操作的时间、资源与成本，提高效率，减少误差，增加满意度，如在手机中广泛应用的 App（应用程序）；第三类是活件创新，是指活化的创新过程，把人的心智构造得更有利于创造新的物质世界与精神世界。

创新还可以分为三个层面：一是基于大脑思维的个体创新；二是基于团队合作的群体创新；三是基于组织习惯的组织创新。创新不仅仅是思维的创新，更重要的是要融于团队，养成创新的习惯，使组织具有创新的“基因”。总之，创新可以从不同视角来考察，多一个视角就多一种思路。

第二节　创新的原则、原理与过程

一、创新的原则

尽管创新要打破规则，但为了使创新活动有效，也需要遵循一定的规则。那些用于约束创新活动的规则，以及用于评价创新活动有效性的准则，就是创新原则。

创新原则可以从两个视角来分析。一是小原则，即个体在创新过程中需要遵循的基本原则，主要有：遵循科学、化繁为简、功效改进等。二是大原则，即组织创新过程中需要遵循的基本原则，主要有：动态平衡、开放包容、尊重市场、可持续发展等。

（一）遵循科学

如果违背科学技术原理，任何创新都无法获得成功，除非你发现并掌握了新的科学原理。如“永动机”违背了能量守恒的科学原理。

（二）化繁为简

为了使创新设想和结果更有价值，其实现途径、操作方法等都应该遵循简单机理，以市场和社会可以接受的代价实现创新。这包括原理、结构、功能、生产制造、储运保管、使用方法、回收利用等各个方面的简单化。

（三）功效改进

要保证创新的有效性，最关键的是要实现功效改进，带来实际的应用价值。这包含五个方面：一是新，有新意甚至是首次出现；二是好，看起来好看，用起来好用；三是能，能把设想变现实；四是要，创新成果出来以后要能够被市场接受；五是效，创新成果投放市场以后，企业有盈利，并符合社会公共利益。

（四）动态平衡

动态平衡这一原则包含两层含义：一是要实现信息共享、资源共享，使各个部门及时保持良好的沟通；二是要保持充分授权，团队在被充分授权的情况下，即使失去了有组织的指挥仍然能够保持很强的自适应能力。有了这两项保证，就能实现组织内各个团队的动态平衡。这是组织创新的基本保证。

（五）开放包容

创新者往往都是少数派，大胆前卫的创意很容易被常规思维与习惯势力否定，主观武断会错过有价值的创新设想。如飞机曾被从理论上反复论证后否定其存在的可能性；无线电波也曾被权威人士断言其不能沿着地球的弧形表面传播，无法成为通信手段。这些创新技术在前期被否定，就是由于人们主观武断，对各种新观点不够开放包容。

（六）尊重市场

在市场经济条件下，只有市场认可的创新才是有价值的创新，所以，现代创新特别强调“以用户为中心”和“用户参与”的创新理念。正如爱迪生所说：“我不打算发明任何卖不出去的东西，因为不能卖出去的东西没有达成成功的顶点。能销售出去就证明了它的实用性，而产品的实用性就是成功。”

（七）可持续发展

在资源匮乏与环境保护的大背景下，组织创新还必须受社会公共利益与长远利益的约束，不能为了企业利益或短期利益，去损害公共利益与长远利益，否则就不是可持续发展的创新。

二、创新的原理

创新原理是指从创新实践中提炼概括出来的具有普遍性的创新规律与机制。根据知识创新、技术创新、管理创新、方法创新、营销创新等最新研究成果，创新原理可以概括为聚合创新原理、分割创新原理、还原创新原理、移植创新原理、逆反创新原理。

（一）聚合创新原理

聚合包括组合、综合、融合。通过这三种方法，可以创造出全新的事物，这就是聚合创新原理。

组合，既可以从空间上将相同或相近的物体或操作加以组合，如集成电路板上的多个电子芯片，并行计算机的多个 CPU（中央处理器）；也可以在时间上将相同的物体或操作合并，如冷热水混合水龙头。组合可以分为：①同类组合，如情侣自行车、多缸发动机、多级火箭等；②异类组合，如称重条码机、多功能电子表、多功能豆浆机等；③重组组合，如田忌赛马。

综合是已知事物 A 加已知事物 B 得到新事物 C，如广义相对论是万有引力和狭义相对论的综合，气候地貌学是气候学与地貌学的综合，经济数学是经济学与数学的综合。

融合是两个或两个以上元素组合成为一种全新的元素，如合金。从经济领域创新来看，组合、综合、融合三者的界限往往很难分清：组合是主流，组合中需要综合，综合中需要融合。无论产品创新还是管理创新或者营销创新，都离不开“组合”。

（二）分割创新原理

分割，即把一个已知事物A分离成相互独立的部分B或C，如为不同废弃物的回收利用设置不同的回收箱；也可以把物体分成容易组装或拆卸的部分，如枪支、组合家具等；还可以提高物体的可分性，如活动百叶窗替代整体窗帘。

分割原理在新产品的创造发明中的应用非常普遍，在其应用过程中往往与技术创新的“抽取”方法组合使用。分割原理的应用，要求人们有庖丁解牛的本领，能从错综复杂的表象中理出主要矛盾与矛盾的主要方面，然后根据需要对事物进行分解和离散。抽取是指从事物中抽出产生负面影响的部分或属性，或者仅抽出事物中必要的部分或属性，如空调压缩机将产生噪音的部分，即压缩机移到室外。

在经济管理工作中，分割原理也有广泛的应用。在企业发展中，有些企业整体业绩不理想，但有些业务很有发展潜力，于是就把不良的业务分离出去，把优良业务与优质资产打包上市；在组织发展中，通用汽车公司最早使用的“事业部制”就是一种分割，通过业务分析，提炼出一个个“战略业务单位”，让其相对独立地运作。

（三）还原创新原理

任何发明创造都有原点与起点。原点是预期要实现的最基本的功能要求；起点是实现功能要求的方法。原点是唯一的，起点则可以有很多。还原，是从已有的创新起点出发，返回到创新的原点，构思新的起点。洗衣机的发明就是一个利用还原创新原理的成功的例子。洗衣机的创造起点是：在不损伤衣物的前提下，将污渍从衣物上分离出来。可以考虑的原理有：揉搓原理，要设计模仿人手的机械手，难度大；刷擦原理，很难把衣物各处都刷洗到；捶打原理，易损坏衣物。后来，人们跳出传统的洗衣方法，从洗衣预期实现的功能要求出发，利用一个波轮在水中旋转，形成涡流来翻动衣物，达到清洗的目的。这就是著名的漂洗原理。利用漂洗原理不仅结构简单，而且安全可靠。再后来，由于意识到波轮对衣物也有一定的损害，滚筒洗衣机又出现了。

在经济管理中，有的企业也需要还原：企业小的时候，原动力很清晰，企业做大以后，反而容易偏离原点，忘记了顾客，迷失了方向。

（四）移植创新原理

移植，是借用已有的创新成果进行再创造，是为了发挥“他山之石，可以攻玉”的功效。例如，“拉链”被移植到医学领域从而有了“医用拉链”。移植创新原理是将某个领域的原理、技术、方法引用或渗透到其他领域，用以改造或创造新的事物，移植法也称“渗透法”。在科学技术发明史上，移植创造法造就了大批“外行”发明家。在法国，一位名叫莫尼埃的园艺师，常常为园艺场中水泥制成的蓄水池和花坛经常被撞坏的事情而苦恼。有一天，他一不小心把一盆花脱手掉到地上，花盆摔得粉碎，而花盆中的土却没摔散。由于花根纵横穿插，交织成网状结构，竟把松软的泥土箍得坚固，用脚踩都踩不碎。受到花盆土的启发，莫尼埃仿照花木的根，用铁丝织成网架，用水泥、砂石浇在一起，重新砌成花坛，果然非常结实耐久。就这样，一位园艺师发明了一种崭新的建筑材料——钢筋混凝土。

移植可以分为四个层次：原理移植、方法移植、功能移植、结构移植。

（1）原理移植。如红外辐射，这是一种很普通的物理现象，温度高于绝对零度（-273.15℃）的物体都有红外辐射。这一原理移植的结果是诞生了一系列创新成果：红外线探测仪、红外线治疗仪、夜视望远镜等。

（2）方法移植。如定向爆破技术移植到医学领域就有了肾结石微爆破，行为科学是心理学移植到企业管理中而形成的。

（3）功能移植。如海洋中生长着能消化有机物的净化细菌，因为有机物经它们消化后变成水和一氧化碳，所以，河川中夹杂的有机物流入海洋并不会使其受污染。环保专家将此原理移植到废水处理技术上，引进净化细菌让它们大量繁殖，以达到水质去污变清的目的，就这样发明了“活性污泥处理法”。

（4）结构移植。如积木到模块化设计的移植。竹蜻蜓是我国古代劳动人民发明的一种玩具。它是用竹片削成螺旋桨形状，插在一圆杆上，当手搓动圆杆使其快速旋转，螺旋桨形状的竹片就可以使竹蜻蜓飞上天。此玩具在明代时传入欧洲，法国人称之为“中国陀螺”。1878 年，意大利人福拉尼造出了第一架直升机，飞行时间为 20 秒，高度为 12 米，其缺点是飞行时飞机会打转。1939 年，美籍俄国人西科斯基制造出一架 VS-900 直升机，这是世界上第一架实用型直升机，但这架直升机也就是由一大一小两个“竹蜻蜓”组合而成。

（五）逆反创新原理

逆反是在了解常规的基础上，从反向思考与行动。例如，育种专家早有定论：凡自体授粉的植物没有杂交优势，水稻是自体授粉类植物，不可能杂交。但袁隆平逆向思考，并在发现“天然杂交稻”的基础上培育出了“人工杂交稻”，他也因此被称为“杂交水稻之父”。有人曾说，中国农民吃饭靠“两平”：一靠邓小平同志提出的责任制，二靠袁隆平的杂交水稻。从学术的观点看，前者是制度创新，后者是技术创新。

逆向创新包括：属性逆反、方向逆反、行为逆反、缺点逆用等。属性逆反，如软与硬、大与小、干与湿、曲与直、柔与刚、空与实等；方向逆反是构成顺序、排列位置或安装方向、操纵方向、旋转方向等的逆反，如上与下、左与右、内与外、前与后等；行为逆反是指活动主体采用与先前完全相反的行为方式来处理问题；缺点逆用是指有意识地开发利用事物的缺点，变短处为长处、变缺陷为优势、变废为宝等，如废物回收利用。

此外还有迂回创新、变异创新、群体创新、替代创新等创新原理。

三、创新的过程

许多创新似乎都有一定的偶然性，比如瓦特看到壶盖被蒸汽顶起而发明了蒸汽机，牛顿被下落的苹果砸了头而发现了万有引力，门捷列夫玩纸牌时想出了元素周期表。其实，他们的灵感能一触即发，是长期专注的结果。沉淀知识与经验的过程，是创新的前奏，如果没有沉淀，就不可能有持续创新。因此，追求创新不仅要注重创新成果，更应研究创新的过程。

英国心理学家沃勒斯提出的创新过程四阶段理论，是影响较大也比较实用的创新过程理论。该理论把创新过程分为准备期、酝酿期、明朗期和验证期四个阶段。

（一）准备期（发现问题）

创新的目的是解决问题，不能为了创新而创新。准备期的核心任务是发现问题。在发现问题的过程中，需要注意三点。

（1）现象的呈现与描述。“呈现”是对客观事物的“复原”，而“描述”就有可能增添描述者的主观判断。不受外界干扰，通过深入细致的调查，用原始材料还原事物的本来面貌，这是发现问题的基础。

（2）问题的重要性与紧急性。按照问题的重要性与紧急性，可以将问题分为四类：紧急又重要的问题、紧急而不重要的问题、不紧急而重要的问题、不紧急又不重要的问题。区分问题的不同性质，有助于把握重点，确保工作有序推进。

（3）多视角看问题。不同的人站在不同的立场上会提出不同的问题，解决问题的办法也各不相同，这是正向思考，是利益驱动。逆向思考是站在对方的立场来思考问题。多视角看问题，能看到问题的本质与要害。

（二）酝酿期（优选创意）

酝酿期的任务是提出并优选创意，提供解决问题的基本思路。这是一个选择的过程，让各种设想组合、交叉、撞击、渗透，最终形成有效的创意。在优选创意的过程中，应集思广益，广泛吸收有益的意见。

（三）明朗期（寻找办法）

明朗期的任务是为实施创意思路而寻找解决问题的办法。在寻找解决办法的过程中，需要注意三点。

（1）办法要与想法融合。有些想法很好，但缺乏可操作性，就要及时回头，改变思路与想法，寻求在新思路下的新办法。

（2）重点考虑改进技术与迎合需求的办法。应用新技术与迎合消费需求是解决问题的重要途径，如移动客户端技术以及闪付方式的应用，不仅方便了顾客，而且极大地开拓了营销的新空间。

（3）趋利避害。任何办法都有一定的局限性和受限性，在设计实施方案、选择实施办法的时候，一定要配置相应的预案，以备不测，防患于未然。

（四）验证期（测试功效）

验证期的任务是测试创新的功效，评价创意的有效性、实用性与社会价值。验证不仅仅是一个程序，更是一个持续的过程，不断验证，持续改进，才能不断优化。

第二章　思维概述

第一节　思维基础

每一种好的思维方式，都是生命历程中一盏明亮的灯，导引你正确地走向成功的彼岸。人的大脑里蕴藏着丰富的宝藏，而思维方式是其中珍贵的资源。

一、思维的概念

简单地说，思维就是思考与思索；任何学科都离不开思考与思索。因此，思维科学是“万学之学”。按照生理学观点，思维是高级动物的一种脑内生化反映的过程。

思维科学认为，思维是人接受信息、存储信息、加工信息以及输出信息的活动过程，是对客观现实的本质属性和内部规律的自觉的、间接的、概括的反映过程。思维与感觉、知觉等心理现象一样，都是人的大脑对客观事物的反映，但反映的内容、形式与水平有所不同。感觉、知觉都是外界刺激物直接作用于感觉器官而产生的，是人脑对当前客观事物的整体反映，离开了刺激物对感觉器官的直接作用，既不能产生感觉，也不能产生知觉。而思维是对客观事物的本质属性、事物的内部规律性及其必然联系的反映。例如，当人们对“水”进行研究，感觉与知觉只能让人们认识到水的颜色、形态、温度等；而通过思维，能够透过水的颜色、形态、温度等具体特征，认识到在标准大气压下，温度降低至0℃以下水会结冰，温度升高到100℃以上水会沸腾变成蒸汽等。感觉与知觉属于感性认识，是认识过程的初级阶段、起始环节，是思维的源泉和基础。思维属于理性认识，是感性认识的深化和飞跃，是认识的高级阶段。

二、思维过程

（一）思维过程的条件

思维过程必须具备三个基本条件，即原始刺激、规则引导、记忆搜索。人类的思维首先来自各方面的原始刺激。这些刺激既包括生物体外部的刺激，也包括生物体内部的刺激，如梦见的事情一般与自己所关心的、遇到的或感受到的事情有关。比如在睡眠中口渴了、肚子饿了或有尿意时，人们所做的梦也会与这些事情有关。再如用针灸治疗精神分裂症，其实也是一种通过外部刺激影响人的思维的方法。

人类思维活动会受到各种各样的规则的约束，大规则下有小规则，这些大大小小的规则可以帮助人们有序地思考，同时建立规则也是创新的前提。但规则也会形成“思维惰性”与“思维定式”，影响思维创新。实际上，思维创新的过程就是破旧立新的过程，定什么样的规则，就会有什么样的思维。社会管理规则如果制定得不科学，不仅会让规则本身失效，还会影响社会心理。任何问题的解决，都要发挥记忆搜索的功能，人在大脑中储存的信息量越大，知识与经验越丰富，运用规则的能力越强，解决问题的速度就越快。

（二）思维过程的基本特征

思维过程表现出两个基本特征，间接性与概括性。

思维过程的间接性，是指思维是对客观事物的间接反映。也就是说，人在思维过程中，在没有直接感知的情况下，能够凭借知识与经验，做出判断与推理、假设与扩展。从日常生活到科学研究，这方面的事例不胜枚举。如燕子低飞可能是下雨的先兆，动物反常可能是地震的先兆，海水迅速退潮可能是海啸的先兆，等等。更令人称奇的是门捷列夫在发现元素周期律以后便创造了“元素周期表”并可以预测未知的元素。恩格斯在《自然辩证法》一书中曾经指出：门捷列夫不自觉地应用黑格尔的量转化为质的规律，完成了科学上的一个勋业，这个勋业可以和勒维烈计算尚未知道的行星海王星的轨道的勋业居于同等地位。这就是间接思维的力量。

思维过程的概括性，指思维是对客观事物的通行特点、本质特征与一般规律的反映，如公式、定理等规律性的认识，都是对共性的概括。也就是说，人们可以脱离具体的事物进行抽象思维，并使思维活动在一定条件下进行迁移。概括性越高，表明知识的系统性越强，迁移就越灵活，一个人的智力和思维能力、创造能力就越发达。

三、思维能力

（一）思维能力的含义

一般认为，思维能力是指通过分析、综合、概括、抽象、比较、具体化和系统化等一系列思维过程，对感性材料进行加工，将其转化为理性认识并解决问题的能力。常说的概念、判断和推理是思维的基本形式。简单地说，思维能力是先天因素与后天因素综合作用的结果。

（二）思维能力三要素

智力、知识、才能构成思维能力的三个基本要素。

智力，取决于基因和幼年期后天环境的影响与教育，是先天与后天教育的统一。相对来说，后天的教育的优势对智力的高低起着更加重要的作用。智力表现为观察力、注意力和记忆力。

知识，是通过学习和社会实践得到的对事物的认识，即科学知识与社会实践经验。比如学习了语言表达，学习了概念与定理，了解了自然界的很多现象，通过实践掌握了与人交往的经验等。

才能，是人们能够有效达到某种目的的心理能量。才能可以分为两部分：一部分是特殊才能，比如有些人对音乐、绘画、体育等所具有的天赋；另一部分属于一般才能，这与后天的教育和实践环境有关。

（三）影响思维能力培养的五个因素

如果在影响思维能力的五个因素上运用科学的方法进行培养，人的思维能力都可以得到提高。

（1）注意力。注意是人的身心指向和集中于一定事物时的意向活动。注意力越强，印象就越深刻。根据注意的有无目的和意志努力程度不同，注意可分为两类：一类是无意注意，即没有自觉的目的也不需要做任何意志上的努力的注意；另一类是有意注意，即有自觉目的并且需要做一定意志上的努力的注意。有意注意和无意注意可以相互转化。许多发明创造就是由一种偶然的无意注意诱发的。较强的注意力往往更能促进思维能力的发展。

（2）直觉力。爱因斯坦曾经说过：“真正可贵的因素是直觉。”直觉力表现为根据对事物的生动知觉印象，直接把握事物的本质和规律。直觉力常常体现了人的领悟能力和创造力。

（3）分析力。分析方法是人类认识世界的一种重要方法。分析就是把客观事物的整体分解为各个部分、方面、要素，逐个加以研究。分析事物的过程，实质上就是透过现象认识本质的过程。比如写作文章时，分析的主要任务是把握材料的本质和特定属性，敏锐地发现材料中的新鲜因素和成分，推敲主题，安排结构，以及选择最佳的表达方式。

（4）想象力。想象力是形成意象、知觉和概念的能力，是人类所独有的一种高级心理功能，是在现实形象的基础上，通过大脑的回忆、加工和新的综合，创造出新的形象的心理过程。它能把世界上许多事物联系起来，扩大认识范围，使我们的认识不受时间和空间的限制，从而创造出一个广阔的世界。无论是科学发明或是艺术创作，都离不开想象。想象按有无创造性可以分为再造性想象和创造性想象；按其性质可分为理想、空想和幻想。

（5）知识力。培根说：“知识就是力量。”思维是需要一定量的知识做支撑的。没有知识的支撑，思维是无法进行下去的。对于目前人类集聚的知识，一个人有限的生命是学不完的。这就需要培养有效的思维能力，以便在有限的生命中更多地正确把握知识，运用知识。

第二节　思维的分类

人类的思维活动可以根据具体方法、内容、路径、抽象性、目的性等因素的不同，划分为多种类型。从抽象性来分，思维主要可分为直观行动思维、具体形象思维和抽象逻辑思维。

一、直观行动思维

直观行动思维又称为自然思维，是对一个问题或事物未经逐步分析和推理，仅凭内因的感知，比较迅速地对问题的结论做出猜测、设想或理解、领悟的过程，是直接与物质活动相联系的一种思维，所以又叫作感知运动思维。一个孩子最初的思维往往是直观行动思维。运动员对技能和技巧的掌握也需要直观行动思维做基础。

二、具体形象思维

具体形象思维是以具体表象为材料，借助于鲜明、生动的表象和语言的思维。它是一般形象思维的初级阶段，文艺创作经常用具体形象思维。这是人的一种本能思维，人一出生就会以形象思维方式考虑问题，又称“直感思维”。在此基础上，思维开始向两个方面分化：一是以形象观念为逻辑起点的形象思维过程；二是以概念为逻辑起点的抽象思维过程。人们从概念出发，建构出抽象思维的概念系统；从形象观念出发，则建立起形象思维的观念系统。有人说，不用概念的思维是不存在的，而用概念来思维就是逻辑思维，因此得出结论：一切思维都是逻辑思维。但毛泽东曾经说过，“写诗要用形象思维”。比如，在北方高速公路两侧都种着白杨树，一眼望去，白茫茫的，感觉似白杨树开花。其实这是在阳光照耀下的白杨树被风吹过后的一种反光。这种形象与意境，是难以用概念来描述的，只能用文字来描述其形象与特征，这就是形象思维的重要作用。在市场竞争与企业经营活动中，形象思维更是发挥着不可或缺的重要作用，如包装、广告等。

三、抽象逻辑思维

抽象逻辑思维是以抽象概念为形式的思维，是人类思维的核心形态。它主要依靠概念、判断和推理进行思维。人们常称它为“抽象思维”或“闭上眼睛的思维”。抽象逻辑思维是人类最基本也是运用最广泛的思维方式。逻辑思维在创新中具有发现问题、直接创新、筛选设想、评价成果、推广应用、总结提高等方面的作用。

有人用非逻辑思维概括不按逻辑思维方式解决问题的思维活动，如联想、灵感、直觉、想象等。因此，形象思维、直观思维都属于非逻辑思维的范畴。

第三章　发散思维与形象思维

创新是人类思维活动固有的特征。现代社会快速发展，市场竞争加剧，创新便成了人们的生存之道。创新来自创新的思维。只有不断打破固有的思维模式，运用发散思维和形象思维，从不同角度看待事物，我们才能够发现一个全新的世界。

知识拓展

创新思维概述

扫一扫

第一节　发散思维

发散思维是人类发展过程中产生创造性思维最主要的一种思维形式，是在一般思维基础上发展起来的，是人们后天学习与训练的结果。

一、发散思维的特点

发散思维，就是对一个问题从多角度、多方位、多层次进行思考，从而得出多种不同的答案甚至是奇异答案的思维方式。例如，给你一个圆，你能画出什么？你能说出笔的功能吗？对于缺水你会有什么方法？口香糖有哪些种类？……这些都是发散思维典型的训练例子。

发散思维具有以下几方面的特点。

（一）流畅性

发散思维的流畅性，就是在较短时间内大脑能够产生大量设想，并能够流畅表达出产生的新的想法。流畅性反映了发散思维的速度和数量特征。

如词汇流畅，就可以是在给定时间内尽可能多地写出包含某个特定结构的汉字，如包含“口”的汉字。

（二）变通性

发散思维的变通性，就是打破常规，突破头脑中固有的思维框架，按照某一个新的方向来思索可能的结果的过程。变通性需要借助横向类比、跨界转化、触类旁通，中国古代的司马光砸缸、曹冲称象等故事就是典型的突破思维框架的例子。

（三）独特性

独特就是与众不同，因此思维的独特性就体现为提出与众不同、异于寻常的新奇思想。创新必然具有新颖、独特的特点，因此创新依赖于思维的独特性。

（四）多感官性

发散思维不仅要运用视觉思维、听觉思维，还需要充分运用其他感官接收信息并加工，因此也具有多感官性。

二、发散思维的形式

发散思维的主要形式有横向思维、逆向思维、立体思维、平面思维、侧向思维、多路思维、组合思维等。

（一）横向思维

横向与纵向是相对的。一般而言，纵向思维是逻辑思维推理的过程。当纵向思维受阻，往往需要跳出原有的思维路线，横向寻找答案。最早提出横向思维概念的是英国学者博诺，他针对纵向思维的缺陷提出与之互补的对立的横向思维方法。横向思维面一般不会太窄，且能够运用横向思维的人都善于举一反三。有人说横向思维就像河流一样，遇到宽广处，很自然地就会蔓延开来，但缺点是深度不够。

横向思维的几种方式：

（1）横向移入，即把其他领域的好方法移到本领域来。

（2）横向移出，即把本领域的成功方法移到其他领域去。如法国细菌学家巴斯德发现酒变酸、肉汤变质都是细菌作怪，经过处理，消灭或隔离细菌，就可以防止酒、肉汤变质。李斯特把巴斯德的理论用于医学界，发明了外科手术消毒法。

（3）横向转换，即不直接解决问题，而是将其转换成其他问题。曹冲称象时把测重转换成测船入水的深度就是横向转换的典型案例。

（二）逆向思维

从正面去寻找解决问题的方法和途径，这是常规的正向思维方法。如果从问题的反面去思考解决的方法和途径就叫逆向思维，也叫作反向思维。运用逆向思维的人敢于“反其道而行之”，把事物的位置颠倒过来进行思考或从问题的相反面深入地进行探索，从而产生新的想法、新的创意。如说话声音高低能引起金属片相应的振动，相反金属片的振动也可以引起声音高低的变化。因此，爱迪生在改进电话的过程中，发明制造了世界上第一台留声机。

一般人们习惯于沿着事物发展的正方向去思考问题并寻求解决问题的办法。其实，对于某些问题，尤其是一些特殊问题，从结论往回推，倒过来思考，或许会使问题简单化。运用逆向思维去思考问题的结果往往会令人大吃一惊，另有所获。

逆向思维在各种领域、各种活动中都有适用性，由于对立统一规律是普遍适用的，而对立统一的形式又是多种多样的，有一种对立统一的形式，就有一种逆向思维的角度，因此逆向思维具有无限多种形式。如性质上对立两级的转换（软与硬、高与低等），结构、位置上的互换、颠倒（上与下、左与右等），过程上的逆转（气态变液态或液态变气态、电转磁或磁转电等）。不论哪种方式，只要是从一个方向的对立面去思索，就是逆向思维。

（三）立体思维

立体思维是指在思考问题时跳出点、线、面的限制，能够进行立体式思维。如立体绿化（屋顶花园增加绿化面积，从而减少占地、改善环境、净化空气），立体农业、间作（玉米地种绿豆、高粱地里种花生等），立体森林（高大乔木下种灌木，灌木下种草，草下种食用菌）。立体思维是从宏观高度寻找微观层面问题的解决办法。

（四）平面思维

平面思维是指人的各种思维线条在平面上聚散交错。如一幅画，如果单纯以笔和纸才能完成就是常规思维方式，但如果把“画”放在一个平面上，将所有可以想象的名词联系起来就会发现石头、头发、金属、树叶、布料、沙子都可以用来做成一幅画。这就是平面思维。在诸葛亮的思维中，“兵”不仅是指“人”，“水”“火”“草”“木”皆是“兵”。

（五）侧向思维

侧向思维又称旁通思维，是指沿着正向思维旁侧开拓出新思路的一种创造性思维，是一种当正面“进攻”受阻时迂回前进的方法。从侧面去思考，在最不起眼的地方多做文章，往往会有意想不到的效果。

（六）多路思维

所谓多路思维，是指对一个有多种答案的问题，朝着各种方向发散性地思考可能的答案，也就是解决问题时不要一条路走到黑，而是从多角度、多方面思考。多路思维是发散思维最普通的形式（横向、逆向、侧向思维是其中的特殊形式）。现代心理学研究表明，人的大脑不仅具有同时学习和思考几个问题的能力，而且由于内容的更换或交替，还往往能够促进创造性思维的迸发，即灵感的产生。据心理学家测定，一个人在一段时间内平行研究或思考的问题，最多可以有 7 个——当然这要看所研究的问题的大小及一个人的知识面的宽窄程度。

（七）组合思维

组合就是将两个或两个以上的事物组合在一起，或者把多项貌似不相干的事物通过想象加以连接，从而使之变成彼此不可分割的新的整体。组合思维就是从某一事物出发，以此为发散点，尽可能多地与另一（或一些）事物联结成具有新价值（或附加价值）的新事物的思维方式。美国加利福尼亚的一家小工厂，将小温度计与汤匙组合，创造出“温度匙”，即在给婴儿喂养时就很方便地看出汤匙里液体的温度，大受母亲的欢迎。日本的一位理发师将推剪和小吸尘器组合而成一种新型理发工具，使剪下来的头发立即被吸尘器吸走，减少清扫碎头发的麻烦。

在科学界、商业和其他行业都有大量的组合创造的实例。当然组合不是随心所欲的拼凑，而必须遵循一定的科学规律。

三、发散思维与收敛思维的统一

发散思维是一种很重要的创新思维，同样收敛思维也是一种创新思维。任何的创新过程，总是要经过由发散到集中，再由集中到发散的过程。发散思维体现了“由此及彼”“由表及里”的思维过程，而收敛思维体现了“去粗取精”“去伪存真”的思维过程。

在创新活动中，虽然通过发散思维可以产生大量的新想法、新创意，但是不可能每一个想法和创意都有必要被实践，应通过收敛思维从中筛选出更好的想法或创意。由于创造性首先表现在发散思维上，因此这里我们重点介绍发散思维形式及一般训练方法。

知识拓展

发散思维与收敛思维

扫一扫

四、发散思维的实现方法

（一）功能发散

设想获得某种事物的功能（以此为发散点）的各种可能性。如怎样才能达到照明的目的？方法有很多，如点油灯、开电灯、点蜡烛、用手电筒、点火把、燃篝火、用镜子反射太阳光，等等。

（二）形态发散

设想出利用事物形态（如形状、颜色、味道、气味、明暗等）作为发散点的可能性。如利用红色可做什么？答案有交通信号灯、红旗、红围巾，等等。

（三）组合发散

尽可能多地设想某一事物（作为发散点）与另一事物（或一些事情）联结而成具有新价值（或附加价值）的新事物的各种可能性。如钥匙圈可以同哪些东西组合在一起？答案有小刀、指甲钳、图章、圆珠笔，等等。

（四）方法发散

以人们解决问题或创造物品的某种方法为发散点，设想出利用该方法的各种可能性。如用"吹"的方法可以办成哪些事情或解决哪些问题？答案有吹气球、吹灰尘、吹肥皂泡、吹蒲公英等。

（五）因果发散

以某个事物发展的结果作为发散点推测造成此结果的各种原因，或以某个事物发展的起因作为发散点推测可能发生的结果。如造成玻璃杯破碎原因有哪些？答案有掉在地上碰碎、被剧烈声响震碎、被某种东西敲碎、被胀碎、被重物压碎等。

（六）结构扩散

设想出利用某种事物结构（以此为发散点）的各种可能性。如蜜蜂的窝构造非常精巧、实用且省材料，航天器设计师受蜂窝结构启发，用金属制成蜂窝，再用两块金属板把它夹起来有了强度高、重量轻、隔音隔热的蜂窝结构。航天飞机、人造卫星、宇宙飞船内部就大量运用了这种蜂窝结构。

（七）材料发散

设想某种材料物品（以此为发散点）的多种用途。如铅笔的用途有哪些？答案有写字、作为礼品送朋友、演出的时候临时用来化妆、削下的木屑可以做成装饰画、在野外缺水的时候铅笔抽掉芯能当作吸管喝石缝中的水、在遇到坏人时削尖的铅笔可以当作武器……

第二节　形象思维

大家都知道可口可乐公司最具独特的创意——弧形瓶。其创意来源于制瓶工人罗特看到女朋友穿的美腿裙。通过具体表象产生的思维是人类基本的思维形式，是一种本能的思维方式。人们随着学习与实践，对获得表象进行分析、抽象、综合等，就会产生新的设想与创意。因此，本节重点讨论形象思维在创新中所起的作用。

一、形象思维的特点

形象思维是原生的，是人和动物在不接触文化知识的情况下能够自然产生出来的思维能力。不同人的形象思维能力因天赋的不同而不同，这种差异产生的原因有先天的因素，这就是基因的不同。随着一个人后天的学习、训练与实践，大脑在抽象思维不断进化的过程中又进一步促进形象思维向更高层次发展。因此，这里说到的形象思维已非初级阶段的形象思维，而是思维主体为实现一定的认知目的，通过感官捕获研究对象的具体形态或图像信息，发挥个人的想象、联想、类比、模仿等能力，并允许虚构和幻想，从而构造出富有代表性的新事物、新形象的一种思维活动。

科学研究认为人的大脑中的右脑是形象思维活动的主要区域。形象思维不仅存在于艺术领域，还广泛存在于科学研究、发明创造、技术应用乃至生活各个领域。例如，炼钢工人通过钢水的颜色变化推断炉温，厨师依据炒菜的温度变化掌握火候，医生通过察言观色、望闻问切诊断疾病，等等。不管是人文科学还是自然科学，它们每一步的进展与突破，无不与形象思维密切相关。形象思维具有形象性、非逻辑性、粗略性、想象性等特点。

1. 形象性

形象性是形象思维最基本的特点。形象思维所反映的对象是客观事物的形象，这是思维的原料。形象思维是从对事物的表象感知、认知，到概括反映事物的本质特征的过程。其思维过程包括形象感受、形象储存、形象识别、形象描述、形象创造。形象思维的形象性使它具有生动性、直观性和整体性的优点。

2. 非逻辑性

形象思维是人对于外界信息产生的直观印象。形象思维并不是在思维主体中真的产生图像、声音、颜色等，而是思维主体能够直接感应到外部形象并在神经系统中产生对应的映像点。因此，形象思维对信息的加工可以是跳跃的、非连续的、跨界的，不像逻辑思维那样，对信息的加工是一步一步、首尾相接、线性地进行的。形象思维可以使思维主体迅速地从整体上把握住问题。

3. 粗略性

由于形象思维的非逻辑性，因此人类对问题的反映是粗线条的，对问题的把握是大体的，对问题的分析是定性的或半定量的。在人类的思维活动中，形象思维与逻辑思维是不可分割的，形象思维常用于问题的定性分析，而逻辑思维可以给出精确的数量关系；所以在实际的思维活动中，往往需要将抽象的逻辑思维与形象思维巧妙结合，协同使用。

4. 想象性

想象是人类运用已有的形象进行加工、改造或重组形成新形象的过程，是一种特殊的思维形式，它能突破时间和空间的束缚。由于形象思维并不满足于对已有形象的再现，而是追求对已有形象的加工，打破原有事物形态重组而获得新形象的输出。所以，想象性使形象思维具有创造性的特点。这也说明了一个道理：富有创造力的人通常都具有极强的想象力。

二、形象思维的形式

（一）想象与幻想

想象，是形象思维的一种重要思维模式，而想象力则被称作创新活动的核心动力。因此，一个人想象能力的大小，在很大程度上决定着其创新能力强弱。沼泽地建乐园、空中泡温泉都是利用想象力成就企业经营业绩的实例。天真烂漫的小孩，其想象力往往是十分丰富的。由于他们没有任何框架的束缚，可以自由自在、无拘无束地充分发挥自己的想象力甚至可以说是幻想，因此他们经常表现出成年人无法理解的创新举动。想象法是形象思维的一种主要应用方法。

知识拓展

无意想象和有意想象

扫一扫

幻想以现实为出发点，但不受现实束缚，是一种与人的愿望相结合，并指向未来的想象。幻想是创造想象的一种特殊形式。幻想既体现当前的愿望又指向未来，往往超出现实，不易实现。

（二）类比与联想

类比，就是分类比较。类比既可以对同类进行比较，也可以对异类进行比较；既可以从事物相同或相似的方面进行比较，也可以从事物相反或相异的方面进行比较；还可以从因果关系进行比较等。类比的方法本属于逻辑思维中的一类思考方法，但它与联想一起运用，便构成了创新思维中的一种新模式。

联想是指人们在自己的记忆表象中由于某种诱因引发不同表象间发生联系的一种思维方法，简单地说，就是将头脑中一种事物形象与另一种事物形象联系起来以探索它们之间的关系的思维。而在我们所描述的“类比与联想”这一思维模式中，所谓“某种诱因”，就是指诸多事物之间的类比。联想不同于一般的自由想象，它有着明确的目的性与方向性。如通过研究海豚，人们发现其皮肤具有特殊的双层管状结构，使其游水速度极高，于是人们将这种双层管状结构移植到潜艇上，大大提高了潜艇的航行速度。联想不是人的大脑与生俱来的能力，而是需要后天的培养与训练，并与人们的知识储备密切相关。如泰勒所说：“具有丰富知识和经验的人，比只有一种知识和经验的人更容易产生新的联想和独到的见解。”因此，知识越丰富，类比与联想更容易实现。联想与想象有一定联系，这也是形象思维应用的主要方法。

（三）仿生与模拟

仿生就是模仿生物的外形、结构、特征以及功能等创造出为人类所利用的新生事物。仿生学由来已久，不仅越来越为人们所重视，还具有很大的潜力和很强的生命力。在几百年前，达·芬奇和他的助手对鸟类进行仔细的解剖，研究鸟的身体结构并认真观察鸟类的飞行，设计制造了扑翼机。

模拟与仿生相比具有更广义的概念。模拟既可以模仿生物，也可以模仿没有生命的事物；既可以模仿有形事物，也可以模仿无形事物，如理论模拟和方法模拟等。人们模仿鱼发明了潜水艇，模仿蝙蝠发明了雷达。因此，模拟方法也是形象思维的一种主要方法。

（四）边缘与联姻

随着人类社会的不断发展，科技在进步，经济在繁荣，教育在完善，而代表人类社会发展水平的社会科学和自然科学的学科建设也正在不断地发展壮大。这些门类众多的学科除了具有各自的内部规律和外部特征之外，彼此相互联系，相互渗透。正是由于这种原因，许多学科之间的边缘界限越来越模糊，它们之间相互联姻的可能性也逐渐增大。事实上，近几年来各种边缘学科的迅速发展就印证了这一点，比如生物化学、物理化学、人体物理学、量子物理学、光电子学、量子电子学、微电子学和电子工程学等，无一不是诸多边缘学科相互联姻产生的结果。而这种不同学科的联姻的源头在于思维的重组引起的概念重组、结构重组、技术重组等。乔布斯认为，麦金塔电脑（苹果公司 1984 年推出的一款产品）之所以伟大，就在于它是音乐家、诗人、动物学家、历史学家和计算机科学家等各行各业优秀人才的智慧结晶。

三、形象思维训练

（一）形象思维训练的基本原则

1. 注重观察，累积形象材料

头脑中的表象多，不仅能够促进右脑的活动，还能为形象思维提供丰富的原料。如何才能丰富自己的形象原料？在日常生活、学习活动中，要有意识地观察事物形象，广泛积累表象材料，丰富表象储备。1979 年诺贝尔物理学奖获得者格拉肖也指出："涉猎多方面的学问可以开阔思想，像抽时间读读小说，逛逛动物园都有好处，可以帮助提高想象力，这同理解力和记忆力一样重要。假如你从来没有见过大象，你能想象出这种奇形怪状的东西吗？我这样讲，有的人听起来可能会感到奇怪。但是在我们研究物理问题的时候，往往会用到现实世界的各种形式。对世界或人类社会的事物形象掌握得越多，越有助于抽象思维。"当然这也更有助于形象思维。可以说，丰富的表象储存无论对形象思维还是抽象思维都有帮助。

2. 积极开展联想和想象活动

假如把象棋和食物联系起来你会想到什么？鞋可以吃吗？你如果经常开展形象丰富生动的联想和想象活动，那么对上述问题也就不觉得奇怪了。要把看到的不同事物联系起来需要不断练习。想象力是创新思维的重要品质，它能使我们超越已有的知识和经验，使思维插上翅膀，达到一个新的境界。

想象思维与联想思维可以互为起点，即想象思维可以在联想到的事物之前展开，同时想象思维所获得的结果又可以引起新的联想。

（二）形象思维训练的方法

1. 模仿法形象思维训练

蜂巢由一个个排列整齐的六棱柱形小蜂房组成，每个小蜂房的底部由 3 个相同的菱形组成，这种结构与近代数学家精确计算出来的菱形钝角和锐角完全相同，是最节省材料的结构，且容量大、极坚固，令许多专家赞叹不已。人们仿其构造用各种材料制成蜂巢式夹层结构板，强度大、重量轻、不易传导声音和热，是建筑及制造航天飞机、宇宙飞船、人造卫星等的理想材料。

2. 想象法形象思维训练

想象是创新思维的主力军。物理学家普朗克说过：“每一种假设都是想象力发挥作用的产物。”严加安教授也曾说：“通过加强文学和艺术的修养可以开拓形象思维的能力。”爱因斯坦就酷爱艺术，他还是一个演奏小提琴的高手。他曾坦言：“物理给我知识，艺术给我想象力，知识是有限的，而艺术所开拓的想象力是无限的。”英国哲学家培根说过：“历史使人明智，诗歌使人机智。”“机智”在很大程度上就体现为想象力丰富。像李贺《梦天》中的诗句“遥望齐州九点烟，一泓海水杯中泻”和李白《望庐山瀑布》中的诗句“飞流直下三千尺，疑是银河落九天”就极富想象力。这种想象力源于诗人的形象思维。

在培养想象力时首先要克服压抑想象思维的障碍。这种障碍主要有环境方面的障碍、内部心理障碍和内部智能障碍。人际关系和谐、环境优美利于人们想象力的发挥；人在有激情、心情愉悦时容易发挥想象力，而心情压抑、沮丧只会带来悲观的想象；如果你总是抱着固有的思维，不善于接受新生事物，也难以形成良好的想象思维。

使自己头脑充满丰富想象的训练方法主要有五种：第一，在社会实践中开阔视野，如进行社会调查、读书、旅游等。这样做的好处是，个人对自然界和人类社会的各种形象的储备将会扩大。第二，借用“蒙眬想象”。即在睡意蒙眬时思考问题，许多科学家都善于用这种状态。运用蒙眬想象来发掘事物间意想不到的相似点，有利于放飞想象翅膀，触发灵感。第三，融合想象与判断。这要求将不同的事物融合在一起，想象可能出现的结果。大量新产品的出现就是采用融合想象的结果，如收音机与录音机组合在一起制成收录机；混凝土搅拌车将搅拌与运输结合在一起，在运输途中即实现搅拌。第四，练习比喻、类比与联想。经常进行类比与比喻可以活跃想象。读小说读到关键处，可以自己设想故事的多重结局或发展趋势，锻炼想象力。第五，多做随意性想象。听音乐是一种放飞思想的很好的办法。

3. 联想法形象思维训练

联想是心理活动的基本形式，也是创意产生的基础。一个人的联想越广阔、越丰富，他就越富有创造力。许多发明创造就是在联想思维作用下产生的。联想思维需要遵循一些法则：①接近原则，即联想的事物之间必须有某种相似点与联系。②相似原则，即联想的事物对大脑产生刺激后，大脑能产生与此刺激物相似的环境经验。③对比原则，即大脑能够回想起和刺激完全相反的经验。

联想思维可以分为相关联想、相似联想、类比联想、对称联想、因果联想。

相关联想是由给定事物联想到经常与之同时出现或与其在某个方面有内在联系的

事物的思维活动。心理学家哥洛万实验表明，任何两个概念都可以经过四五个阶段建立起相关联想的联系。如“木质”与“皮”“球”：木质—树林—田野—足球场—皮球。

相似联想是从给定事物想到与其相似的事物（可能外形上相似，也可能是功能上相似，也可能是性质上相似，等等）的思维活动。如人们被海洋生物表皮的性质引起联想，从而发明了新式泳衣。瓦特发现水壶里的水沸腾时的蒸汽可以将水壶盖冲开，以此为开端展开联想，从而发明了蒸汽机。

类比联想是指对一件事物的认识引起对与该事物在形态或性质上相似的另一个事物的联想，是借助于对某一事物的认识并比较它与另一个事物的某些相似类推而成的。

对称联想是指由给定事物联想到在空间、时间、形状、特性等方面与其相对称的事物的思维活动。如从左边联想到右边，上联想到下，白联想到黑，光明联想到黑暗等。

因果联想是指由于两个事物之间存在因果关系引发联想，或是由一个事物的因联想到果，或者由一个事物因果关系联想到另一个事物的因果关系。如美国工程师斯波塞在做雷达起振实验时，发现口袋里的巧克力融化了，探究其原因，发现是雷达发射的微波造成的，找到因果关系就联想到用微波加热食品，从而发明了微波炉。

4. 组合法形象思维训练

科学技术的进步使得诸多学科相互联姻，诸多技术相互整合，由此形成形象思维的组合法。这是一种重要的创新思维方法。组合法就是根据特定的组合法则，运用数学、机械、物理、化学或者生物学的手段在材料、结构和功能等方面，将两个或两个以上客体进行有目的的巧妙的组合，以获得具有统一整体功能的新技术和新产品的方法。中国古代的“龙”就是以蛇为主体，结合兽脚、马头、鹿角、鱼鳞等其他特征的超现实的想象；人面狮身的斯芬克斯和传说中的美人鱼都是人类组合形象思维的杰作。组合法在工程技术中的应用十分广泛。据统计，现代技术开发中，组合型成果占全部发明的60%~70%。组合方法的类型很多，这里介绍同物组合、异类组合、结构重组、综合等类型。

同物组合，即若干相同事物的组合。如鸡尾酒就是用几种酒加果汁、香料等混合起来的酒。

异类组合，即两种及两种以上不同领域技术思想的组合或不同功能物质的组合。如把“收音”与“录音”组合起来成为“收录机”，把“沙发”与“床”组合起来就产生“沙发床”等。

结构重组，即改变原有事物中的结构要素，分解原有组合，再根据新的目的进行重新组合的方法。其特点是在一个事物上进行，不增加新的事物。重组主要是改变事物各组成部分间的相互关系。如儿童玩具“变形金刚”、分体组合家具等。另外，据报道我国南方一工厂的工人发明了一种“万能自行车”，只需一把扳手就能变换出 100 多种车式，可以广泛应用于锻炼、载货、车技训练等。

综合即是将不同领域、不同方面、不同类型的事物以某个目的为中心，通过一定的方法手段有机地组合在一起。与以上几种组合方式相比，综合是一种更高层次的组合。在知识和信息飞速增长的时代，综合方法在科技发明创造中应用得越来越广泛。

第四章　批判性思维与颠覆性思维

思维方式决定了一个人的行为方式。我们往往知道“应该这样”“必须这样”，却很少思考“为什么会这样”“为什么必须这样”“不这样不行吗”。因此我们需要学习批判性思维与颠覆性思维，用审视的目光来看待很多看似必然的东西。

在商业创新活动中，很多新产品的出现都是通过不断的反问，颠覆原有的思维习惯创造出来的。特别是在互联网、移动互联网出现以后，我们更需要颠覆固有的思维习惯，才能不断创造新的商业模式。

第一节　批判性思维

批判性思维是一种对思维方式进行思考的艺术。批判性思维方式是指思维个体要有对思维方式进行仔细检视与反思的意愿——并非对凡事都说“不”，而是在具有良好的判断的基础上，使用恰当标准进行分析思考，以更客观、全面、公允地对外界的人和事形成判断。批判性思维可以广泛运用到生活的方方面面。本节内容着重探讨如何在创新中运用批判性思维。

一、批判性思维概述

（一）什么是批判性思维

理查德·保罗（Richard Paul）、琳达·埃尔德（Linda Elder）在《批判性思维工具》一书中指出：“批判性”这一词汇有两个希腊根源——kriticos（意思是“恰当的判断”）和 kriterion（意思是“标准”）。因此，他们给出了批判性思维的基本概念：批判性思维是建立在良好判断基础上，使用恰当的评估标准对事物的真实价值进行判断和思考。布鲁克·诺埃尔·摩尔（Brooke Noel Moore）、理查德·帕克（Richard Parker）在《批评性思维：带你走出思维误区》中指出：批判性思维是指审慎地运用推理去判定一个断言是否为真。他们特别指出，批判性思维不仅仅是对断言的真伪的判别，更是对所面临的断言进行评估。埃尼斯（Ennis）则认为：批判性思维是指为了决定什么可做、什么可信所进行的合理、深入的思考。因此，我们认为：批判性思维是对思想的质疑，对自己的思想与他人的思想要始终持有一种怀疑的态度和一种对证据的渴求愿望，通过重新深度思考来检视事实。

在生活中你可能会碰到这些情况：接触很多信息却无从选择；看到同一个论题，而此时有两种相反的观点，双方都各有道理，你不知道如何判断；某人提出对某一事件的看法并说出自己的观点，你觉得不甚合理却又无法反驳……如果你能够很好地对上述情况做出判断，你就是运用了批判性思维方式。表 4-1 为惯常思维与批判性思维的区别。

表 4-1　惯常思维与批判性思维的区别

惯常思维	批判性思维
仅仅是思考	分析自己的思考
依赖不值得信赖的思考标准	揭露不合理的标准，并且用更好的标准取代之
被困扰在直觉意义系统中	将自己的思考提升到意识水平，使自己可以从那些不严谨的直觉思考中解脱出来
使用没有清晰结构的逻辑系统	寻求工具以阐明和评估自己使用的逻辑系统
停留在思维和情感的自由状态中	使用思维和情感明确自己是谁、自己人生的目标等
被自己的思想控制	学习控制自己的思想

资料来源：理查德·保罗，琳达·埃尔德．批判性思维工具［M］．侯玉波，译．北京：机械工业出版社，2013.

一个受过良好训练的批判性思维者的能力体现在：①能够找出关键问题和困难所在，并且能够清晰、准确地表述这些问题；②能够使用简练的语言有效地解释搜集到的信息；③能够有效地得出结论和解决办法，并能够使用相关的标准去检验成果；④思路开阔，并能够有效地评估其他思维方式的假设与可能的结果；⑤在寻找复杂问题的解决办法时能够有效地与人沟通。

（二）批判性思维的基本要素

批判性思维具有三个基本要素：断言、论题、论证。而识别、分析和评估这些要素则构成了批判性思维的关键。

1. 断言

断言是表达意见或信念的陈述。如对于深圳是中国人口最密集的城市，牙膏对牙齿具有美白作用等断言或陈述，你需要学会判断其真伪，需要学会分析与评估。

2. 论题

论题就是问题。当对一个断言进行真伪分析时，就已经提出了论题。如针对雾霾，是否需要政府通过立法限制汽车尾气的排放？雾霾天气是否会导致肺癌高发？因此，论题是提出“某个特定的断言是否真实”这一问题，而解决该问题就能够对断言的真假做出回答。论题需要通过论证来支持。

3. 论证

论证由前提和结论构成。论证是批判性思维最为重要的因素。论证就是要对断言的真伪给出一个合理的理由，是一种因果关系的陈述。论证分为演绎论证与非演绎论证。

演绎论证就是具有演绎推理模式的论证。这是一种有效的论证，即该论证不可能出现前提为真而结论为假的情形。按照传统的解释方法，演绎推理是由一般推出特殊（个别）的推理，即由前提必然推出结论的一种推理。演绎论证的前提和结论之间的联系是必然的。如前提是“张三生活在上海”，结论是“张三生活在中国”。

运用演绎论证要求大前提、小前提必须真实、正确、一致，同时要求推论是合乎逻辑的，否则就会出现纰漏。一个有效的演绎论证，其前提为真，结果就一定会得到证实。

这里要注意：演绎论证与演绎推理并不完全一致。好的演绎论证一定是有效的演绎推理，但有效的演绎推理却不一定是好的演绎论证。推理和论证具有一些不同属性。①目的性不同。论证与推理的根本区别在于：论证是为证明某断言或陈述提供充足理由，目的是使人接受该断言或陈述；而推理显示了陈述的逻辑关系。因此，从目的性来看，论证是使人相信某个观点、命题或陈述，而推理是使人相信陈述的逻辑关系；论证要确立结论的可靠性、可接受性；而推理则要确立陈述间逻辑关系的真值（真假）关系。②前提性质不同。论证的前提必须为真或认可为真，至少逻辑也可能为真，前提一旦被识别出为假，论证就不再有任何价值；推理的前提可以是假设性的，甚至可以为假。③前提与结论的关系不同。论证的前提对结论是一种支持与保证的关系，因为前提为真结论必然为真，论证是回答“结论为何为真”。

非演绎论证的前提并不证明结论，而是为结论提供支持。支持程度有高低之分，支持程度高，则其结论为真的可能性高；支持程度低，其结论为真的可能性低。

（三）批判性思维带来的益处

批判性思维带来的益处表现在：①提高观察力；②阅读时更加有侧重点；③在接受信息时能够抓住重点，不被次要信息干扰；④能够有的放矢地对信息做出回应；⑤知道怎么能让自己的观点更有说服力；⑥拥有可广泛运用的分析能力。

批判性思维要求准确和精确，需要人们极为执着地探寻答案，因此运用批判性思维时就需要做到：①注意对全局有所启示的小细节；②辨别趋势和模式——需要细心地做好信息记录、数据分析；③有归零思维；④以多元视角去看同样的信息；⑤客观把自己的好恶、信仰和兴趣抛开，探求最准确的结果或更深入地理解内容本身。

（四）运用批判性思维的障碍

在运用批判性思维时，每个人都会遇到一些思维障碍，而这些障碍有的可能就是思维定式导致的，甚至有些是情感因素的作用。具体表现在：

（1）误解“批判”的含义。有人认为批判就是给出负面的评价，往往习惯从消极面进行分析；或者有些人认为他们如果擅长批判会被看作讨厌的人，特别是在组织中面对领导的一个决策时，更不愿意说出批判性的意见，往往报喜不报忧。事实上，批判还有建设性的一面，这可以很好地帮助对方看清形势，助人进步。

（2）高估自身的推理能力。大部分人都认为自己是理智的，更愿意相信自己的价值体系。但是在成长过程中随着经验、阅历的增长，人人都可能存在某些思维定式。

（3）缺乏方法、策略或练习。常规的学习不足以让人具备更好的批判性思维技能，通过训练该项技能才会得到提高。

（4）不愿批评专家。人们囿于专家的权威，往往不会质疑专家或者领导的看法。

（5）情感因素。情感因素在批判性思维中具有重要作用。如果一个人拥有批判的能力，他可能可以较好地控制情绪，从多个角度有逻辑地分析问题。

（6）不够关注细节。批判性思维需要准确和精确，不关注细节可能会导致较差的判断。

二、批判性思维者具备的基本能力

（一）批判性思维者能够指向一定目标

人们对事物的思考都是与其目标、欲望、需求、价值观念一致的，而并非随意的或无规律的。每个人都存在着应对外部环境的模式化方式，思维则是这种模式化的主要部分之一。例如，理发师对自己和他人的外在形象的塑造与他个人的价值观念紧密结合，也就是说，个体的思维即使是针对简单的事物，依然遵循个体特定的行为模式并迎合个体预设的目标。想要了解一个人的思维（包括我们自己），必须了解其思维活动发展的趋势及其目的。

（二）批判性思维者能够组织概念

概念如同我们呼吸的空气一般无处不在。尽管如此，人们却很少意识到它的存在，当我们看到云、草、道路、山川河流、孩童等事物，会直觉地应用这些概念，好像这些概念是事物本身的自然属性一样。实际上，这些概念是在人类对事物进行抽象概括后形成的，是人为后天加工的。只有当人们对某件事物进行概念化的解读之后，才能进行思考。对事物进行抽象概括的能力是我们后天的学习能力和创造能力的体现。对不同概念的内涵的理解也与人们生活的社会环境、文化背景等密切相关。批判性思维者可以自发地归纳事物的特点，组织概念。

（三）批判性思维者能够评估获取信息

推理必须根据一系列的事实、数据与经验等做出。找到可靠的信息来源并掌握个体经验的界定方式是批判性思维者的重要目标。换言之，必须对采纳的信息来源保持警惕，同时对自身经验的解释保持分析与批判的态度。每个人都会拥有不同的经验，经验也许是很好的老师，但绝不可能是完全正确的。信息只是思维的一个组成维度，与其他维度一样，应当受到批判性的分析与检验，不加审视地根据经验做出推论会带来思维的偏差与自我错觉。

（四）批判性思维者能够区分推论与假设

推论是思维的一个阶段，是个体根据一些正确或看似正确的命题归纳总结、得出结论的过程。假设是进行推理的前提信息。一般情况下，我们都会假定自己的信念是正确的，而且会运用这些信念去解释周围的世界，做出推论。如看到乌云推断可能要下雨；看到皱眉就推断对方在生气；阅读一本书能根据故事大意推断语句的引申含义。学习可以培养我们对推论与假设的意识觉察能力，所有学科学习的共同之处在于，它们都需要我们基于学习内容做出正确的假设，并能够熟练地得出合理的推论。我们做出的假设都依赖于我们对基本概念与原理的理解，渐渐地我们就具备了质疑假设正确性的能力。

批判性思维者可以通过学习将思维的无意识水平上升到有意识的水平，从而帮助我们得出正确的推论。

（五）批判性思维者能够调整观点立场

观点立场是思维成分中最难以用意识控制的因素。人们在思考时都会从一定的观点立场出发，对于大多数人而言，这是高度自动化的直觉性行为，但是大多数人并不清楚如何识别自己和他人的观点立场。批判性思维者无论是在阅读、写作还是交谈、倾听时，都在不断练习对自己思维意识的控制。他们在阅读时努力理解作者的意图，写作时有意识思考目标读者的看法，交谈时努力理解交谈者的观点与关注点，倾听时更愿意倾听他人意见。批判性思维者认为自己是有能力的学习者，不会将相反的观点视为威胁或挑战。他们将所有的个人观点看作可以被挑战的，随时准备根据新的证据与合理的推论修正自己的观点。

三、批判性思维者的五步思考法

批判性思维需要关注细节，需要知道最为关键的问题，需要对各种信息进行合理组织与判断，也就是要求思维者在大脑中构建一种良好的思维模式。

要成为一个良好的批判性思维者，请按照下列步骤进行训练。

第一步：三思而后行。

三思而后行是一种反思能力，是指一个人能够在问题出现时稍作停留，找到自己当下需要的思维方式。当你在三思的时候，其实就是积极主动地在控制自己的思维方式。三思就是要不断地向自己提问。

当面临严重问题时，三思而后行更具有挑战性。比如，当我们必须要做大决定或者要面对某种矛盾时，情感往往会占上风，对我们产生压倒性的影响。此时，应对情感压力的一种方式，就是回忆一个往昔的重要时刻或者情绪激动的情形，再问自己几个反思性问题。这是利用过去已发生的事来做思维练习，以保证重要时刻再度来临时，你已经有了充分的准备。

第二步：辨别假设的真假。

有时你头脑中的假设可能是错的。如果你的假设是错的，它就会把你引入死胡同，而且你可能根本不知道你的方向错了，并稀里糊涂地为这个错误付出巨大代价。因此，判断假设正确与否可以让你少犯错。判断假设正确与否最好的方式莫过于查证假设的根据和来源。

个人经验是假设最常见的根据和来源，而且也最难辨别。我们通常都是根据自己的文化、背景以及经历形成观念、做出假设的。那么，如何辨别假设呢？

（1）区分事实与观点。当你听到有人说“苹果手机比安卓手机更容易操作”时，你会点头表示同意吗？可能不少人都会，却不知道这只是个人观点，还要进一步证实。你可以反问一下自己“苹果手机对谁而言比安卓手机更容易操作？”或者“应用在哪方面时，苹果手机更容易操作？”当你与人交谈、看新闻或者浏览网页的时候，可以趁机检验一下自己在区别事实与观点方面能做到哪一步。

（2）辨别已表达和未表达假设。已表达假设是清楚明了的，在项目计划和合同中随处可见。这种类型的陈述通过表达一个假设，让每个人都能明白自己应该如何行事。已表达假设可以增加事情的透明度，有助于人们量化风险，也有利于人们掌控自己的工作量与工作进度。未表达假设则很容易制造麻烦。比如谈恋爱的时候，一对恋人对“在一起”或“让我们冷静一下”这些话的意思就会有不同理解。浪漫喜剧片常常根据这种误解来营造喜剧气氛。项目或金钱交易出现差错，多半是由于未表达假设造成的，其后果可能非常严重。

要辨别哪些观点是未表达假设并非易事。“我们需要改善工作环境中物品再利用的状况，提高公司员工的环保意识。”这句话的未表达假设是什么？这句话中的未表达假设就是：改善物品再利用的状况就可以提高员工的环保意识。事实上，物品再利用的状况得到改善后员工的环保意识可能会提高，但也可能不会提高。当你辨认出了这个假设，你就会对这个观点进行重新评估。也就是说，一旦你将自己的假设或者观点表达出来（可以讲“我认为，一个更完善的物品再利用项目将会提高员工绿色办公的意识”），你就更容易判断它的真伪。

第三步：识别信息。

如果要做出正确的选择，评估信息是一个重要环节。随着互联网的发展，我们能够接触到的信息比过去多得多，因此我们需要利用更为系统的方法来应对繁杂的信息。这里介绍两种利用简单问题评估信息的方法。

第一个问题是信息是否相关。人们有时会由于埋头处理无关紧要的信息而偏离方向，结果最后不是觉得力不从心，就是感到困惑。因此，当评估信息时，就需要一遍又一遍地问自己：它与决定我能否取得成功的关键问题有关吗？

第二个问题是信息是否准确。我们对那些看似准确实则含糊的信息要特别警惕，也需要给予流行的观点特别关注。此外，我们得到的信息往往是零碎的，而且常常是第二手、第三手的信息。评估信息准确与否时，找出信息的来源是非常重要的。比如，你觉得维基百科是可靠的信息来源吗？你怎么知道它可不可靠呢？若要判断信息来源是否可靠，你需要回答以下这些问题：信息来源是否具备这一领域的专业知识？这些专业知识是最新的吗？

人们评估信息的时候，还会受到一些常见的认知偏见的影响。例如，当你听到“某类疾病的存活率为92%”时会比听到“某类疾病的致死率为8%”时要舒服得多。珍珠港遇袭的那天，虽然雷达已经监测到日军飞机的行踪并做了汇报，但是美国军方并没有采取任何行动，因为他们认为美军飞机当天会到港，而且没有人相信日方会袭击珍珠港。也就是说，人类的大脑喜欢根据启发式的简单原则做出判断，因为这样可以提高效率，但往往也会导致系统性的错误。

第四步：不要急于下结论。

不论面对什么情况，做决定的顺序都是一样的：首先对信息进行准确的判断，然后据此得出合理的结论。但是，在评估信息和得出结论这两步之间却往往是错误的“多发地带”。

常见的两种错误是：①过早下结论。人们通常在承受着巨大压力而必须迅速做出反应，或者急切地想要得出结果的时候，会过早地下结论。②不完全归纳。这类现象很常见，也就是说人们手里现有的信息虽然不足以支持你得出的结论，但仍归纳最终结论。比如，你会因为在金融杂志上读到一篇关于股票市场利好的报道，就把所有积蓄都用来买股票吗？不，当然不会。但事实上，不少公司和机构在下结论时都没有足够的信息作为依据，总是有公司和机构因此付出惨重代价。

根据所得信息进行推论，就是前面所说的论证过程。做出决策或者提出解决对策时最好依据准确、相关的信息来得出合乎逻辑的结论。同时，在处理信息与得出结论的过程中，我们需要充分运用演绎论证和非演绎论证的技巧。如果信息和结论间的联系过程出错，比如过早下结论或者使用了不完全归纳的方法，那么决策的质量也会大打折扣。

第五步：心动不如行动。

一旦做出决定，下一步就是制订行动计划。计划可以预见行动结果，把决定变成现实。当从决策阶段进入行动阶段时，我们可以回答下面三个问题，从而有一个良好的行动开始。

（1）这一决定会有什么后果？

（2）实现这一决定还需要哪些计划？

（3）实现这一决定还需要哪些资源？

利用计划的时间性，可以使计划变得更具灵活性。同样，通过分析的方法来检查计划是否有前后不一致或遗漏的地方，有助于少犯错误。虽然行动计划的制订过程可能有些复杂，但它总能让你集中注意力，少走弯路，最终为你带来最符合预期的结果。

第二节　颠覆性思维

美国作者卢克·威廉姆斯（Luke Williams）在其《颠覆性思维：想别人所未想，做别人所未做》一书中指出：企业如果将创新仅仅停留在为产品增值的层面上，而不考虑如何通过创新来改变市场游戏规则的话，终将会被那些勇于采取颠覆性思维进行创新、努力在竞争中脱颖而出的企业淘汰。

一、颠覆性思维导图

商业创新从颠覆性思维开始。卢克·威廉姆斯指出：颠覆性思维就是要彻底改变固有的思维方式，培养一种全新的思维方式，从而设计出激动人心、打破常规的颠覆性方案和经营策略，让竞争者拼命追赶却又望尘莫及；让消费者的期望彻底颠覆，引领行业开创一个新时代。苹果公司就是典型的具有颠覆性思维的创新公司，其新产品常常引领潮流。

颠覆性思维需要从人们认为“不是问题”的地方入手，需要关注那些被人忽视、并不显而易见的细节，从“小毛病”入手。而“一切运作正常，就无需改进，安于现状”的思想与态度正是阻碍人们拥有颠覆性思维的最大障碍。如何进行颠覆性思维训练呢？

颠覆性思维的五步创意法则：

第一步：提出颠覆性假设；

第二步：找到具有颠覆性的市场商机；

第三步：形成颠覆性创意；

第四步：设计颠覆性的解决方案；

第五步：以颠覆性的方式演示你的方案，说服内部或外部股东接纳你的方案或投资你的方案。

根据上述五大步骤设计颠覆性思维导图（如图 4-1 所示），前三个步骤将会得到颠覆性想法与创意，但是将这种创意转变为一种商业方案还需要后面两个步骤。

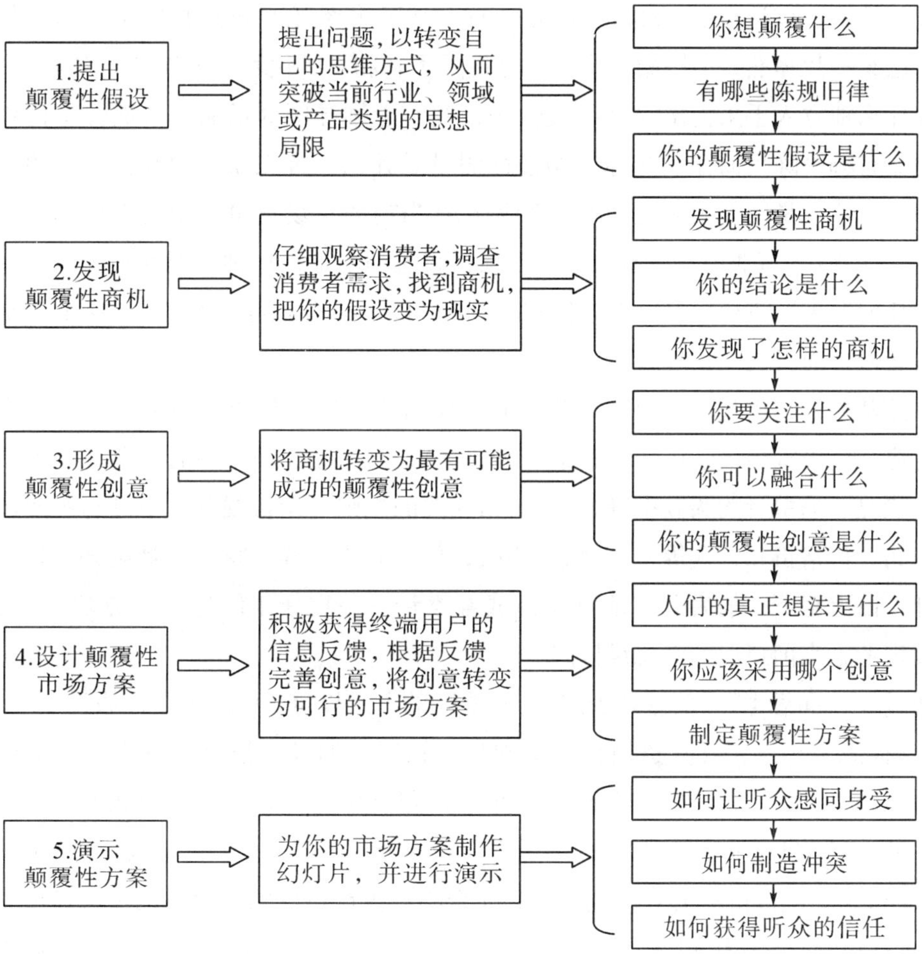

图 4-1　颠覆性思维导图

二、颠覆性思维过程

（一）提出颠覆性假设

颠覆性假设是一种有意为之的毫无理性的想法，以此来打破让人感到舒适、习以为常的现状。

颠覆性思维假设是通过刻意提出三个非理性的“如果……会怎么样”的问题，来转变自己的思维方式。如果把管道、电力设施和通气孔建在建筑物外面，则创造出了法国巴黎著名的乔治·蓬皮杜国家艺术文化中心。该中心是一件属于20世纪的艺术杰作：由钢管和玻璃管构成的庞然大物，外墙布满五颜六色的管线和钢铁桁架，使整个建筑物像一个正在建设中的工地盘踞在巴黎典雅秀美的古建筑群中，显得突出而怪异。和埃菲尔铁塔、卢浮宫前的玻璃金字塔一样，1977年乔治·蓬皮杜国家艺术文化中心建成后巴黎一片哗然，但巴黎人最后还是接受了它和它所代表的现代工业文化。

从什么地方入手来提出这种颠覆性假设呢？思维导图提示从三个面：①你想颠覆什么？②有哪些陈规旧律？③你的颠覆性假设是什么？首先需要明确，你所颠覆的目标是一个行业还是一个领域还是一种产品？其当前的市场竞争环境是怎样的？并需要思考以下问题：“行业中，所有人都处于同样尴尬的境地，这种情况在很长时间里都没有得到任何改善”“这个领域的收益一般，但应该可以有更好的收益”“这个类别的产品发展缓慢，而且同质化现象比比皆是”。

在此基础上，再找出行业根深蒂固的陈规旧律，包括与产品相关的规则（产品特点、优势、广告宣传语、市场竞争集中区域等）、与产品互动相关的规则（与消费者互动体验状况、消费者购买频率等）、与价格相关的规则（定价规则、产品与服务的捆绑定价方式、价格折扣方式等）。要敢于挑战，像玩魔方一样，将这些规则翻来覆去、由里及外、由上至下、前后左右地审视，试着找到一种重新组织这些“方块”的方法，从而发现考虑当前情况的新思维模式。

通过“逆向思考”“关键处否定”“调整”的方式界定自己的颠覆性假设。

“逆向思考”——反其道而行会出现什么情况；如果事情已经发生了，不妨试想“将时间倒退回去会发生什么情况”；如果事物包含两方面且双方互相联系，那么不妨将双方的立场做180度的大调转，再看看会出现什么情况。红牛饮料就打破了常规的“饮料要口感好、价格不贵”的规则，它完全不重视饮料口感，价格也是可口可乐的两倍，也没有将渴望作为其广告的宣传点，而是提出当你需要能量时，红牛能够为你补充能量。

“关键处否定”就是看看有什么地方可以否定。否定思考的方法要求思考者完全抛弃陈规旧律中的主要内容。汽车租赁行业中的一般规则：租赁商需与顾客见面、顾客需要填写大量文件、租车时间一般以天为单位。那么，如果不需要与顾客见面、不需要填写大量文件、租赁时间以小时为单位会发生什么情况？有租车公司通过网络实现了自助租车服务，其颠覆性在于：顾客只须登录该公司网站即可实现租车服务。

“调整”就是对既定情形下的事物或者规则在某些方面稍做修改，或者让自己从另一个角度考虑问题。例如，怎么使稀有之物变得唾手可得？怎么使遍地都是的东西变得“洛阳纸贵”？怎么又能让昂贵的东西变得可以免费使用？

上述这些步骤有助于提出具有颠覆性的假设。

在提出颠覆性假设时应遵循的重要原则就是：假设越大胆，创意越新颖！

（二）发现颠覆性商机

有了颠覆性假设，如何才能发现颠覆性商机呢？这就需要通过仔细观察消费者，调查消费者需求，找到商机，把假设变为现实。市场调研方法是发现商机最主要的方法。

仔细洞悉消费者需求并找出现有主流产品的缺陷，要求从貌似正常的细微之处找出创新机会。如荷兰的一家油漆公司发现，油漆桶在打开盖子的时候都很不方便，需要用螺丝刀撬开上面的盖子。该公司将油漆桶变成如茶壶一样的油漆壶，既方便打开盖子又可以控制倒出油漆的量，既解决了油漆滴洒问题又方便携带。这个案例说明：大家认为习以为常的事情，可能远不是最理想的方法，通过探索可以发现颠覆性商机。

《颠覆性思维：想别人所未想，做别人所未做》这本书特别提醒：在调研过程中，一定要目标明确，要设法规避一些认识上的误区，如只采取应付而非解决问题的权宜之计（例如，因为全球气候变暖，采取给北极熊剃掉毛发的方式来为其降温）、忽略消费者的现实需求而执拗于完美产品的设计（例如，消费者对 MP3 的需求，就格外注重快速便捷，而愿意容忍一定程度上的音质下降，如果只考虑数字音乐的音质，则很难成功）、延续消费者的惯性（消费者对某项产品或服务形成惯性，即使不满意，也不愿意更换，但这并不意味着“不满意”存在的合理性）、忽略消费者购物心理（消费者对于希望马上拥有的东西与应该要的产品，存在不同的价值判别）。得出观察结果之后，要进行分类比对分析，从分析结论中找出商机。

要注意：仅仅考虑如何颠覆是不够的，对消费者而言，这种颠覆必须是有价值的。而要实现这个目标，就必须征得消费者的意见，根据消费者的反馈将假设转变为商机。

（三）形成颠覆性创意

一旦发现商机，就需要将商机转变为最有可能成功的颠覆性创意。在商机转化为创意的过程中，人们可能遇到三只“拦路虎”：第一，商机亮点太多，让团队或个人陷入不知所措、漫无目的、无法聚焦思考的困境；第二，将事物割裂成产品、服务和信息三部分；第三，对创意的讨论仅仅停留在口头层面。针对这些问题，可采取以下方法处理：首先对商机进行分解，找出各种问题，并试图提出尽可能多的答案，然后论证各项答案的可行性，在各种可能性中找到你的关注点，从中提炼出最有前途或者最与众不同、能为消费者带来利益的创意；其次对选定的创意进行精炼，使其更加完善、更具说服力；最后在思考创意所带来的收益的同时，考虑实现这些收益的方式和运作的结果，以及什么时候使用该创意及未来的优势变化。

（四）设计颠覆性市场方案

有了颠覆性创意并不等于获得成功。举例来说，无烟香烟曾被视为绝佳的商业创意，但问题在于，真正深受二手烟毒害的人是站在吸烟者旁边的人，而吸烟者本身对无烟香烟却鲜少有兴趣，不吸烟的人也不会去买香烟（无论这类“香烟”是不是打着“无烟”的旗号）。又如，美国福特公司推出的埃德赛尔牌汽车是著名的失败案例，该款汽车中变速按钮设计在方向盘正中间（人们习惯的喇叭按钮处），这个创新的设计却造成了很多次车祸。

创意与解决方案之间的区别在于后者必须是实际可行的、具有价值的。如果希望将颠覆性创意变为实用的市场方案，最好的办法就是求助于终端用户，让他们对创意进行测试和评价。

（五）演示颠覆性方案

这一阶段是针对能够将创意方案转为现实的投资者。为此，需要将市场方案制作成幻灯片并进行演示。首先必须在 10 秒钟内抓住听众的注意力，并且让听众在剩余的时间仍保持这种关注度。合理的方案演示时长一般为 9 分钟：第一个 3 分钟，让听众对方案感同身受（描述现状、指出问题、解释原因、叙述案例）；第二个 3 分钟，制造冲突（让听众感到惊讶，激发其好奇心，告诉他们所不知道的情况，即颠覆性结论，然后介绍如何利用这个结论制造颠覆性商机，最后通过听众熟悉的例子帮助其理解方案的潜在价值）；第三个 3 分钟，获取听众的信任（介绍解决方案，诠释方案能带来的好处、可行性等）。

第五章 创新思维训练

创新思维能够训练吗？不要以为只有发明家、科学家、画家、钢琴家等才有创新能力，事实上人人都具有想象能力、创新能力与创造力。小时候，我们本能地通过自己的想象和好奇去探索周围复杂的世界，身边出现的一切东西都想要亲自去验证：我们会把物品抛出去看它能落多远；把瓶罐敲得砰砰响来听听它们会发出什么样的声音；对到手的东西也要亲自捏捏，闻闻是否有气味，甚至还会用牙齿咬咬感受一下；还会把厨房里的各色佐料混在一起尝一尝；和朋友们一起讲“鬼”故事，玩各种游戏；幻想着生活在其他星球又会是什么样子……那时候，我们有着丰富的想象力，但是长大后，我们往往努力按规则做事，逐渐把与生俱来的好奇与创新思维遗忘了。

好在我们人类的大脑结构天生就有利于创新思维能力的发挥。开发大脑中潜在的创新思维并不是一件难事。人类的大脑尽管结构复杂，但在功能上最适宜创新。它会随时关注周围环境的变化并在第一时间做出最恰当的反映，在处理问题时我们总能找到不同的办法，这恰恰证明我们生来就有用之不竭的创新思维。

因此，创新思维是可以训练的！

第一节 创新思维是可以训练的

我们每个人来到这个世界上，都有许许多多的东西需要学习、理解和掌握。但是，每一样东西都能够“教”吗？比方说绘画，其中的线条、比例、色彩、透视等技术性的内容是能够“教”的。但是，绘画中的“创作”能“教”吗？老师“创作”了一幅画，即使学生“学”着画得惟妙惟肖，学生也不能算学会了创作。文学也是如此，老师能够“教”的只是字义、语法和修辞等，而文学“创作”是无法教的，勉强教出来的也算不上是真正意义上的“创作”。

一、创新思维需要独立思考

在西方语言中，“教育”这个词是从拉丁文（educare）转化而来的，其原意是

"引来""导出",也就是充分开发一个人的潜力。这种原意的"教育"很适用于创新思维。所谓"创新思维训练",也就是对"创新思维"的启发和引导。教师提出并解决某个问题,使学生从中得到启发,以后在遇到其他类似的问题时,学生就多了一种解决问题的思路。

从学生的角度来说,学习"创新思维"和学习别的技术性课程不能用同一种学习方法。技术性课程或许可以死记硬背,"在背的过程中加深理解";而学习创新思维主要靠自己的独立思索,多想多练,形成一种习惯性的行为。

二、正确的思维源于训练

客观地说,对于某些天赋能力极高的人来说,创新思维训练也是多余的。他们的头脑无须训练,也能够创意无限。然而,对于大多数人来说,接受过与没接受过思维训练,结果一定是不相同的。比如,对于下面这样一个思考题,受过思维训练的人和没受过思维训练的人将会有不同的反应。

案例

蜗牛爬树

有一只蜗牛,住在一棵梧桐树下面。一天清晨,太阳刚刚升起,蜗牛便开始从树根向树梢上爬。它爬得忽快忽慢,有时还停下四处望望,躲避可能发生的危险。直到太阳落山的时候,这只蜗牛才终于爬到了梧桐树的树梢。它在树上睡了一觉。

第二天清晨,也是太阳刚刚升起的时候,蜗牛开始从树梢向下爬。它沿着昨天爬行所留下来的印迹,忽快忽慢地朝树根爬去。有时它也停下来望一望,或者吸食一点树汁。总体来看,朝下爬要比朝上爬轻松多了,所花费的时间也少一些。这样,当太阳还没落山的时候,蜗牛就已经爬到了梧桐树的根部,也就是昨天清晨它出发的地点。

请问:在蜗牛上下爬行的途中,会不会存在着这样的一个点,蜗牛第一天上树时经过这一点的时刻(几时几分几秒),和蜗牛第二天下树时经过这一点的时刻完全相同?

解决这个题时,受过思维训练的人会利用头脑中的视觉形象,把第一天和第二天重合起来,把上树的蜗牛和下树的蜗牛设想为两只蜗牛,它们从树根和树梢同时出发,沿着同一条路线相对爬行。两只蜗牛肯定要在中途相遇,显然,相遇的那一点就是问题的答案。而没有受过思维训练的人则如坠雾中,一会儿想想速度不同,一会儿想想路线不同,难以归纳到一个正确的思路上。

可见，思维能力可以通过训练而得到提高，这一点已成为众多成功人士的共识。问题的关键在于，训练方法必须具有科学性和简便易行的特点。

三、国际成功的思维训练案例

1985 年 1 月，世界著名的《时代周刊》评选出了年度风云人物，1984 年度的当选者就是美国奥林匹克委员会主席彼特·尤伯罗斯（Peter V. Ueberroth），他成功地组织了当年的洛杉矶奥运会。

在尤伯罗斯之前，举办现代奥运会简直是一场经济灾难。比如 1976 年的蒙特利尔奥运会亏损了 10 亿美元，1980 年的莫斯科奥运会，耗资竟达 90 亿美元，而尤伯罗斯组织的第 23 届夏季奥运会，在洛杉矶市政府不提供任何资金的情况下，竟获得纯利润 1.5 亿美元，令全世界为之惊叹。

尤伯罗斯采取了什么“魔法”呢？在接受《华盛顿邮报》记者采访的时候，尤伯罗斯透露，在组织这次奥运会的过程中，他运用了许多行之有效的新观念和新创意。这些新观念和新创意的获得，很大程度上要归功于“横向思维法”。这种思维方法是国际思维训练大师德波诺创立的。在数年前德波诺所开设的“年轻总裁训练班”中，尤伯罗斯是其中的学员之一。

美国布法罗大学曾经通过对 330 名大学生的观察和研究，发现受过创新思维训练的学生，在产生有效的创意见解方面的效率平均提高了 90%。另一项测试表明，学过创新方面课程的学生，与没有学过这类课程的学生相比，自信心、主动性以及指挥能力等都更强。

四、必须科学地进行思维训练

目前国外的思维训练主要有两种：一种是依据心理学和社会学的原理展开的，还有一种是依据生理学和脑医学的原理展开的。两者各有长处和短处。

在借鉴和引进国外的思维训练方法的时候，有两方面的问题值得我们注意：

第一，国外的思维训练方法种类繁多，良莠不齐，我们在学习和借鉴的时候，必须仔细分辨其中的非科学成分。

第二，必须充分考虑我们国家的现实情况，有针对性地引入国外的思维训练方法。民族不同，文化不同，思维方式当然也不可能完全相同，因而所采用的思维训练方法也不应该完全相同，而应该有针对性，即独特性。

第二节　创新意识与创新人格

创新意识是一种心理品质。具有强烈创新意识的人，好奇心强，善于发现问题与不足，总有与众不同的想法，因此在工作和学习中表现出解决问题办法多的特点。我们可以通过学习与训练，强化自己的创新意识，培养自己的创新人格。

案例

福特的创新意识

亨利·福特12岁时已经开始构想要制造一部能够在公路上行走的机器。这个想法令他兴奋不已。周围的人都认为这个想法是不切实际的，纷纷劝福特放弃这个奇怪的念头。但少年福特凭着坚强的意志，仅用一年多的时间就完成了人家需要三年才能完成的机械师培训课程。从此，老福特的农场少了一位助手，但美国却多了一位伟大的工业家。1896年，福特把底特律第一辆“汽油马车”开上大街。1903年，福特汽车公司成立。福特为他的梦想投入了全部精力，反复进行实验。作为一个勇于创新的人，他最终实现了自己的愿望。

福特汽车的诞生，正是从福特那“奇怪的念头”开始的。显然，福特是个具有较强创新意识的人，敢于标新立异，想常人不敢想的问题，提出超常规的见解，从而开辟了新的思维境界。

一、创新意识

（一）创新意识的含义

创新意识就是根据客观需要产生的强烈的不安于现状的精益求精意识，是一种对任何未知的问题、未知的领域所具有的尝试冲动，是创新主体必须具有的重要心理品质之一。创新意识是创新心理素质形成的必要前提和基础，是创新心理素质中一个有层次、有结构的动力系统。创新意识是一种求索进取、探寻新知识的内在渴求和需要，是推动创造主体进行创造活动的动力，是促进创造主体积极寻求新奇事物的一种心理倾向。创造者只有具备较强的创新意识，才能在创新之路上走得更远。

（二）提高创新意识的途径

1. 培养独立与自立意识

创新就是要独一无二，不模仿、不雷同，这就要求创造者具有独立意识和自立意识。独立意识包括独立的人格，独立获取知识、钻研问题的能力，具有自己独到的见解，不完全依赖别人，不盲从别人的意见；自我意识包括自我激励、自我控制和自主发展意识。主体要依靠自己的意志而不是受外界的控制，把自己的注意力集中到所选择的事物上，百折不挠，勇往直前。

2. 培养意志力

意志力表现在人为了达到一定的创新目标，自觉地运用自己的智力和体力进行活动，自觉地同困难做斗争，以及自觉地节制自己的行为。在创新活动中，往往存在着巨大的障碍和困难，人的精神处在高度紧张状态，在这种情况下，意志力就起着非常重要的作用。没有它，艰巨的创造性活动更难以维持和进行下去。因此，意志力是创新活动的重要保障。

事实上，意志力在生活中随处可见，如健身是不是要坚持，遇到一道数学难题是钻研还是投机取巧，都取决于意志力的强弱。

3. 培养想象力

人类任何智慧只有经过想象力的推波助澜，才会与行为整合，转变为创造性思维。正如列宁说的那样："如果一个人完全没有幻想的能力，如果他不能跑到前面去，用自己的想象力来给刚刚开始在他手里形成的作品勾画出完美的图景，那我就真是不能设想，有什么刺激力量会驱使人们在艺术、科学和实际生活方面从事广泛而艰苦的工作，并把它坚持到底。"

（三）创新意识训练

训练一：

阅读下列故事并思考：怎样看待工作中遇到的难题？怎样才能把不可能的事变成可能？

一次，莫扎特对他的老师海顿说："老师，我写了一首曲子，你准弹不了。""那怎么可能？还有老师不会弹的曲子吗？"海顿自信地说。但是，当他从莫扎特手中接过乐谱，弹起来以后就发现：当他的双手分别弹响钢琴两端时，正好有一个音符出现在琴键中间位置，海顿假装生气地说："你是不是在搞恶作剧为难老师？"很快他又笑着说："这首曲子谁也弹不了啊。""我就可以。"莫扎特坐在钢琴前很自信地弹了起来。当弹到那个海顿认为"不能弹奏"的音符时，只见他迅速地低下头，用自己的鼻子按响了琴键，很轻松地把这个难题给解决了。海顿大为赞叹，对眼前的这位学生很是佩服。

训练二：

巧排队列：24 个人排成 6 列，要求每 5 个人为一列，请问该怎样排列？

训练三：

某单位因紧邻商业街，门前总是被停放的车子所堵，虽安排人员轮流值班劝阻，也立了禁止停车的牌子，但都收效甚微。请问你有妙招阻止门前乱停车的现象吗？

二、创新人格

（一）创新人格的含义

一个人的创新意识与创新人格的形成有密切关系。创新人格是指个体或群体根据一定目的，运用一切已知的信息，产生某种新颖、独特、有社会价值的产品的心理品质。它以知识为基础，由创新意识、创新能力等方面的因素构成，是个体进行创新活动必需的内在心理素质。换言之，创新人格就是具有创新活动倾向的各种心理品质的总和，是创新的内在依据。

创新人格作为创新个体具有的相对稳定的心理素质，表现出持续的创新意识、创新意愿与创新倾向的习惯性。创新主体进行创新活动时所表现的坚定的自信、坚韧的毅力、开放的思维、顽强的意志力等都是创新人格的体现。

（二）注重创新人格培养

培养创新人格可从 5 个方面着手。

1. 培养强烈的创造动机

创造动机是人类动机群中的一个重要组成部分，是激发创造者从事创造活动的内部动力，它直接影响创造者对创造活动的期待、对创造结果的评价和体验，并进一步影响创造者的创造性发展和从事创造活动的积极性。著名心理学家马斯洛在他的“需求层次理论”中，把人的需求由低到高分为 5 个层次：生理需求、安全需求、社交需求、尊重需求、自我实现需求。每个层次的需求都可以激发出创造动机，但高层次的需求所激发的创造动机会更加强烈。马斯洛把这种人类的“高层次”的创造本能称为“自我实现的创造力”。强烈的创造动机是推动创新的重要因素，是维持创造性行为的精神力量。

2. 培养坚忍不拔的创新意志

意志是人们在社会实践中坚持不懈、长期保持的一种坚定毅力，是创新者可贵的品质，是创新者勇往直前、顽强克服艰难险阻的心理品格。爱迪生认为：“伟大人物最明显的标志就是拥有顽强的意志力，不管环境变换到何种地步，他的初衷与希望仍不会有丝毫的改变，他最终会克服障碍，达到期望的目的。”

创造性工作既是有趣的又是艰巨的，其中不可避免地伴有挫折和困难。因而，没有创新意志是难以成功的。意志力可以从以下五个方面着手培养：①树立奋斗目标；

②在不断的创新活动实践中获得意志品质的锻炼和体验；③针对自己意志品质的特点，有目的地加强自我锻炼；④依靠纪律的约束力加强自律，规范自己的行为；⑤在体育锻炼中培养自己的意志品质。

3. 培养自信心，树立必胜的信念

自信心是取得成功的前提。巴尔扎克曾经说过：“我唯一能信赖的，是我狮子般的勇气和不可战胜的从事劳动的精力。”正是这种自信支撑他写出了《人间喜剧》等知名著作。有了自信，创造者才能产生积极的心理状态和行为，才能不畏艰险、不怕挫折，战胜困难。缺乏自信心，创造者就会怀疑自己的能力，自卑感就会作祟，就难以有创新成果。

没有自信的人一旦做事失败，就会“自我低估”或“自我贬抑”，甚至产生自卑情绪，从而常常会错误地认为自己没有创造力，看不到自身的创造潜能，也意识不到潜能是要自己主动去开发的。因此，克服自卑感，确立自信，树立必胜的信念，有利于挖掘个体的潜力。

4. 培养执着的创新兴趣

兴趣是最好的老师，是吸引人们认识某种事物或爱好某种活动的力量源泉，它能对人们的创新活动起到激发和推动的作用。强烈的兴趣能使人在研究和探索中保持旺盛的创造活力。

培养兴趣的基础是经常保持好奇心。很多案例都表明创新者对很多事物表现出极大兴趣，有强烈的好奇心，而有好奇心就会提出新问题，或从新的角度去思考老问题，就会形成新的发现与突破。问题产生于好奇，好奇促使人寻找新的答案。可见对事物抱有积极的好奇心也是事业发展的有效途径之一。

5. 培养良好的沟通能力

沟通能力是指与他人通过直接交流，增进理解的能力。沟通属于交流范畴，是双向的信息交流。如果每个人只站在自己的角度来理解周围的人，那么他将无法与别人进行有效的沟通。有效的沟通对于创新也非常重要。

第三节　创新技能训练

创新技能是个体完成创新所必备的产生新认识、创造新事物的技巧和能力的总和。创新技能主要表现为有丰富的想象力、独特的开拓能力等。除此之外，还有很多与创新密切相关的技能需要在创新过程中发展提升。

一、信息处理能力

信息时代，丰富的信息给人们提供的是特殊的“无形资源”，是帮助人们走向成功的加速器，也是创新和发展的基础。要创新就要对周围的信息进行及时处理，应对各种变化。

信息处理能力的提高要从以下两方面着手：

（1）搜集信息，抓住有价值的信息进行思考。要解决难题，最有效的方法就是筛选所需信息，对确定好的众多信息加以科学分类，聚合各种可能有利于解决问题的信息，进行有价值的思考。提出解决方案之前必然要进行调研分析，而这一过程便是搜集相关信息并加以梳理的过程。创新的过程是艰难的，而搜集信息并提炼出有参考价值的那部分对于创新是十分重要的。

（2）要能够将不同信息进行融合，相互借鉴。这就像生物学中的嫁接或杂交。袁隆平通过杂交技术使稻米增产。对生产、管理、服务等各个领域的信息进行整合提取，有利于提出新创意，推出新产品或新服务。如医学上有中西医结合治疗方案，娃哈哈集团生产的将啤酒和饮料相结合的饮品等，都是对不同信息进行分拆与整合的结果。甚至还可以逆用信息，将原来信息中的不良因素转化成为新信息中的积极因素来进行创新。日本索尼公司的工程师在一次理发时，在镜子里看到反向电视图像，眼睛很不舒服，但他突然想到：如果设计一种反向画面的电视机，人就能在镜子里看到正向画面。于是他利用公司的优势，设计、生产反向画面电视机，新产品推出后受到医院、理发店、美容院、体育训练中心等的欢迎。

二、组织管理能力

组织管理就是通过建立组织结构，规定职务或职位，明确责权关系，以使组织中的成员互相协作配合、共同劳动，有效实现组织目标的过程。组织管理是管理活动的一部分，也称组织职能。组织管理能力是指为了有效地实现目标，灵活地运用各种方法，把各种力量合理地组织和有效地协调起来的能力。现代社会是一个庞大的、错综复杂的系统，绝大多数工作往往需要多人的协作才能完成。所以，从某种角度上讲，每一个人都是组织管理者，承担着一定的组织管理任务。

组织管理能力的培养要从四个方面着手。

（1）在管理中抓住主要问题。管理者对影响全局的问题要严格控制，对一般问题则需要进行弹性控制，要抓大放小。如在进行企业经营管理时，管理者一般要严格加以控制的主要问题是：各种设计编制和实施，投入、产出的比例，产品质量、成本，人、物的平衡，资金收支平衡，产品供销平衡等。

（2）加强基础工作，制定控制标准。一定要做到事先控制，要预计可能出现的问题并采取预防措施。以企业销售为例，当对企业销售量有下降预计时，就要制订新的广告计划和推销计划，以改善预计的销售状况。当然事后控制也很有必要，要根据已取得的运行结果的信息，对下一步运行过程做出纠正。

（3）协调工作职责，发挥各职能部门的控制体系作用。这要求提高各职能部门管理者的责任心，通过他们去了解、发现和解决问题。当出现职能不明、互相推诿的情况时，管理者要果断裁定，绝不含糊。要让每个人都了解自己的工作目标和担负的责任，协调地开展工作。

（4）善于捕捉机会进行协调。首先是内外协调。正如人们经常说的“机遇与挑战并存”一样，企业内外部虽然会经常出现不平衡，但也会有良机出现，管理者要善于利用良机开发内部关系，开垦外部环境，建立内外平衡。其次是对人力、物力、财力的协调。人力、物力和财力在来源和分配上出现问题，往往会影响纵向的贯通和横向的配合。管理者应当严格按计划办事，合理分配，积极平衡。最后，要倡导相互支持，协调促进部门间的合理竞争。

三、知识整合能力

知识整合能力是一种获取并应用个别知识的能力，这种能力是一种转化与重新组合知识的能力。应该说，整合能力是成果化过程中的关键能力之一。创新者有足够的整合能力，才能将不同行业领域、不同技术水平、不同文化氛围以及不同思想内涵的资源整合到一起，并使之发挥最大的作用。

1. 学科内知识的整合

这要求创新者掌握本专业所涉猎的各门课程及相关知识点，比如会计学专业的人，既要学习财务方面的知识，又要学习管理学、经济学等知识；工程管理专业的人，既要学习项目管理知识，又要学习工程设计、建筑施工等知识。然后，创新者在理解、掌握各类知识的基础上，不断发现其中的内在联系，从整体上把握该学科知识，培养深厚的专业能力。

2. 跨学科知识的整合

人类在依托自然的发展中，积累了丰富的学科知识，推动了人类文明的进程。然而，人类在传播科学知识的教育教学活动中，常常采取分学科教学，知识的传播者和接受者只能在相对独立的某一学科内去认识科学知识，这样就存在着学科之间的相对割裂性。于是人们开始进行跨学科知识的整合，很多新的交叉学科建立起来，如管理学与心理学融合形成了管理心理学，物理学与生物学交叉形成了生物物理学等。跨学科知识的融会贯通是创新的加速器。

3. 理论知识与实践知识的整合

我们在书本上所学的主要是专业理论知识，更多的是一种基础知识的储备。而知识来源于实践，需要与实践结合，应用于实践。理论知识与实践知识的融合有助于发现问题，产生创新性的想法和成果。

四、创新技能培养训练

训练一：信息分析能力训练

训练指导：利用信息进行创新。

训练题：找出一些你身边的难事、不满意的事，并抓住有价值的信息，对其中一件事进行创意性思考。

训练二：组织管理能力和知识整合能力训练

训练指导：针对训练题分析时要充分考虑各类资源及其功能，并对其进行合理组织。

训练题：请选择一个自己的创意，为实现这个创意（如能结合实践最佳），考虑所需的人力、物力、环境、条件等资源和取得这些资源所用的办法以及如何组织安排。

下篇
创新经典案例评析

案例一 IBM 的三次兴盛

IBM（国际商用机器公司）曾是美国四大工业公司之一，一度营业额高达六七百亿美元、职工人数多达 40 万人。20 世纪 80 年代末，它逐渐陷入困境，1991—1993 年累计亏损达 162 亿美元，几乎是每天亏损 1 480 万美元。令人惊奇的是，时隔三年，即在 1996 年 IBM 实现了 770 亿美元的营业收入，净赚 60 亿美元。

那么，IBM 东山再起有何奥秘？

IBM 的前身是 CTR（计算制表记录公司）。1914 年，在收款机公司当销售员的托马斯·沃森加入了 CTR。他很快被提拔为公司销售经理，继而成为公司总裁。1924 年，托马斯·沃森任董事会主席，同时将公司更名为 IBM，意在突出公司向国内外市场提供商用设备的经营宗旨。20 世纪 20—30 年代，IBM 借助其强大的销售力量，以及向商界出租打孔计算设备而推销配套打孔卡的经营办法，很快成为最有实力的商用设备企业。第二次世界大战结束后，世界上第一台电子计算机问世了，宣告了电子数据处理时代的到来。恰在这时，沃森的儿子进入 IBM。小沃森认识到电子计算机取代机械计算的前景，说服父亲及公司投资开发了 700 系列、650 系列电子计算机，并以其强大的销售服务及高层经理对销售的支持，超越先行者占领了计算机市场。20 世纪 50 年代末，IBM 已成功地占有了计算机市场 75%的份额，小沃森也在 1956 年接替老沃森成为董事会主席兼首席执行官（CEO）。

晶体管和集成电路的发明，推动了计算机技术进步。IBM 投入 4 000 人的研究开发团队和 50 亿美元的开发经费，于 1964 年向市场投放了与原有计算机都不兼容的 360 系列大型计算机，打击了包括霍尼韦尔电气公司、雷明顿兰德公司等在内的竞争者。这时，IBM 出租的 5 万台计算机为公司带来了 60 亿美元的营业收入和 9 亿美元的净收入，并以 70%的占有率垄断了美国大型计算机市场。1971 年，小沃森退休，利尔森接管公司。到 1973 年，弗兰克·卡里接任了公司董事长。虽然计算机行业面临着一个复杂多变的市场，但是，IBM 高层经理却得意于公司的巨大成功，并没有意识到市场的潜在威胁：第一，技术进步使大型机市场寿命周期缩短，迫使 IBM 每两三年就得更换租赁或售出的产品，从而使开发成本的回收愈来愈难。IBM 放弃了产品租赁策略，改为全额销售。这一策略的实施，实际上为顾客选择其他厂家打开了缺口。同时，市场上也开始有一些企业对淘汰机器加以改装，再以只有IBM新机器10%左右的价格售出。第二，成本低的日本计算机开始进入美国市场。面对这一竞争，IBM在20世纪80年代中期先后投资400亿美元降低产品制造成本，同时极力追求产品差异化。第三，从20世纪70年代初开始换代的370系列大型机，基本只是原360系列机器的升级，无重大技术突破。没多久市场上就出现了370系列的兼容机制造厂商，它们以很低的价格同IBM竞争。所有这些使得1984—1990年，IBM大型机销售额的年增长率从12%急剧下降到5%左右，市场占有率跌到40%以下。

以大型机为主的经营还受到了来自其他厂商的市场细分产品的竞争。1965年，与IBM竞争的美国数字设备公司（DEC）先行开发出了小型计算机，但IBM因受大型机视野制约，没有投入资源进行小型机的技术开发。直到1986年，IBM才研制出AS/400小型机参与竞争，但小型机市场的领先地位已被DEC占据了。更为麻烦的是，更大的挑战来自迅速兴起的个人电脑。1976年，苹果计算机公司先声夺人，生产出内存少、没有数据库、运行速度慢、计算能力差但价格低廉的个人电脑，这更增加了IBM大型机面临的挑战。

面对这种形势，IBM做出了一项重大决策，即成立了由50人组成的个人电脑开发小组，给予其场地、资金和人力支持，并责成该组负责人直接向董事长本人汇报工作。开发小组在不足一年的时间里，研制出了远胜于苹果机的IBM电脑。1981年8月，IBM的第一代个人电脑开发成功，并很快成为世界个人电脑的行业标准。研究小组又着手进行扩展型的XT个人电脑和提高型的AT个人电脑开发，接连取得了出乎预期的成功。到1984年，IBM个人电脑营业额已达到40亿美元，次年IBM占据了市场份额的80%。

然而，IBM迅速发展壮大的个人电脑因为核心软件和硬件全靠外购，为别的厂家通过模仿提供了机会。IBM也就由面向市场的营销者、创新者变成守业者。集中统一管理的营销力量与烦琐耗时的新项目审批程序“浇灭”了员工的创新精神，而后于IBM发展起来的竞争者们却一刻也没有停止追赶和超越。对于走下坡路的IBM，致命的一击则来自公司领导拒不接受386芯片技术上的决策失误。1984—1986年畅销一时的AT个人电脑采用的是英特尔生产的80286中央处理器芯片。1984年，英特尔开始开发新一代386CPU芯片（简称“386芯片”）。由于386芯片是32位元的中央处理器，386芯片的开发成功意味着微机技术的革命。虽然英特尔在386芯片的开发过程中曾给IBM打招呼，希望IBM首先使用386芯片开发微机，但IBM表现得极为冷淡。直到1985年年末，386芯片生产出来，IBM仍然拒绝采用。IBM拒绝采用386芯片来更新产品自有它的考虑：当时 286 芯片在市场上是畅销货，而 286 芯片属于老产品，价格低，利润颇为丰厚。如果产品换代，不但配套元件和外围设备需要重新设计，整个生产线也需要彻底改造。由于 386 芯片价格很高，IBM 电脑整机的利润就会大大下降。另外，此前只有大型计算机才使用 32 位元技术，如果 IBM 带头在微机上使用 32 位元技术，将对自己的大型机形成挑战。从自身利益出发，IBM 做出了只在老产品上做技术延伸改进，而不采用革命性技术的决策。IBM 利用自己在电脑市场上的统治地位和微机技术标准制定者的身份，阻碍 386 芯片技术的推广。然而，市场并不会听命于既有权威。当 IBM 把送上门来的新技术拒之门外时，康柏、戴尔等公司却抓住了机遇，向 IBM 的霸主地位发起挑战。1986 年，康柏公司推出了使用 386 芯片的新一代计算机，紧接着，戴尔计算机公司以直销方式使个人电脑售价大幅度降低。面对严峻的挑战，IBM 公司逐渐丧失了竞争力和获利能力。到了 20 世纪 80 年代中期以后，IBM 往日的辉煌已经不存在了。1984 年，IBM 获得 65. 8 亿美元的税后净收益，销售利润率达 14%，这代表着 IBM 事业的顶峰，此后，IBM 的经营效益便急转直下。面对海外低成本制造商和国内兼容机厂商的价格竞争压力，从大型机分部提拔上来担任公司总裁的约翰·弗埃克斯迅速采取了大量精简员工、增强销售力量、重用产品租赁策略和重构组织结构等措施，但却未取得预期效果。1986—1990 年，IBM 的营业收入年增幅只在 3%～6%，抵不上营业支出的增长幅度，从而盈利大幅度下降。1993 年 1 月，弗埃克斯在宣布了将公司红利分配削减 55%后，不得不辞职。

身处衰落境地，IBM 董事会经过两个多月的多方寻找，选择了 54 岁的并无计算机行业经验但有 27 年管理经历的纳比斯科公司董事长路易斯·郭士纳担任新一届董事长兼首席执行官。股票投资者对郭士纳的上任怀有重重疑虑。郭士纳从 1993 年 4 月接管 IBM 后便大规模更换公司高层经理，以“外来者”取代公司原首席财务审计官、市场营销副总裁、磁盘驱动器业务负责人和人事部门负责人等，为公司注入了新鲜血液。与一般人认为的新任 CEO 会继承其前任的分权改革做法相反，郭士纳重申 IBM 商标的价值和集中使用营销力量的必要。他反对将公司的 13 个分部都改组为独立的单位，而是强调各部门间资源、技能和思想在更大程度上的共享。为此，他与新班子花了近一年时间，研究如何对 IBM 进行“再造工程”（如 IBM 信用公司融资业务流程“再造”使业务处理的周期从至少 1 周缩短为 4 个小时，促进业务量 100 倍的增长，强化企业与顾客之间以及总部与分部之间的联系）。与此同时，郭士纳重新强调了技术创新对于高技术企业发展的重要性（恢复了被放弃的将营业收入 10%用于研究开发的传统做法），明确指出，技术创新不应围绕公司产品展开，而应着眼于顾客和市场的需要。为了解用户需求，郭士纳花了 40%的时间听取客户的意见。3 年半时间内，他飞行过 542 次，走访了许多大客户的董事长。当他听到顾客报怨 IBM 大型机软件收费过高后，立即决定将价格削减 30%。1994 年年末，IBM 与第一银行国民银行、美洲银行等 15 家银行联合开发和建设共享的全国性在线金融服务网络系统，为家用电脑使用者提供不用出家门的存贷款金融服务，加强了同顾客的联系。1996 年，IBM 向市场投放的一种新大型机 3 个月内就被抢购一空。IBM 在承接大型项目的投标竞争中，以 80%的平均中标率打败了许多竞争对手。1996 年，IBM 总营业额达到了 770 亿美元。尽管公司近 2/3 的营业收入来自销售利润率较低的个人电脑、工作站和计算机服务业，但 IBM 还是取得了 60 亿美元的税后净收益。1996 年 11 月 22 日，IBM 的股票收盘价达 158.5 美元，成为股市中的抢手股票。

案例点评

1. 居安思危

高技术企业必须不停地进行技术创新，始终以独领风骚的产品夺取竞争优势。高技术产品生命周期短，一种新产品从问世、畅销到被另一种更新的产品取代，往往只有几年甚至几个月的时间。计算机行业所面临的是一个复杂多变的市场，而 IBM 高层经理得意于公司的巨大成功时，并没有意识到市场的潜在威胁。

2. 成功的激励机制

从事高技术产业经营的企业家必须既要准确地把握科技发展的趋势和市场需求的变动方向，又要在企业内部形成新产品开发研制的激励机制，接连不断地推出适销对路的新产品。IBM 成立的由 50 人组成的个人电脑开发小组，由于得到场地、资金和人力支持，不足一年就研制出了远胜于苹果机的 IBM 电脑，并很快成为世界行业标准。正是因为 IBM 重视技术创新，它才能保持新产品开发研制的领先地位。

3. 必要的集中与分散

企业内部资源、技能共享是必要的。郭士纳反对将公司的 13 个分部都改组为独立的单位，而是强调各部门间资源、技能和思想在更大程度上的共享。为此，他与新班子花了近一年时间，研究如何对 IBM 进行“再造工程”——IBM 信用公司融资业务流程“再造”使业务处理的周期从至少 1 周缩短为 4 个小时，促进业务量百倍的增长，强化企业与顾客之间以及总部与分部之间的联系，提高了企业的沟通和工作效率。

4. 公司领导的决策决定企业的命运

IBM 的三次兴盛经历确实耐人寻味。从中不难看到，IBM 的“兴”，多来自正确的决策和内部管理以及适当的外部竞争策略；而其“衰”，则主要是因为自满、保守和决策失误。如果 IBM 能在 20 世纪 60 年代适时开发个人电脑，80 年代中期尽早采用英特尔公司的 386 芯片，那么两次“衰落”都是可以避免的。当然，郭士纳从 1993 年 4 月起便大规模更换公司高层经理，为公司注入了新鲜血液，这需要魄力、领导力和控制力。

资料来源：

［1］万炜，朱国玮. 创业案例集锦［M］. 北京：中国人民大学出版社，2013.

［2］黄金柱. 创业创新经典案例评析［M］. 北京：石油工业出版社，2006.

思考题

1. IBM 东山再起有什么奥秘？
2. 公司领导决策失误的后果何在？
3. 一般外行人都能领导好内行吗？
4. 郭士纳成功的改革措施有哪些？

案例二　美国航空公司的“信息化”

大多数人都知道美国航空公司萨布雷订票系统是怎样成为早期的“新一代”英雄的。这种系统对所有的航空公司及其乘客都是一种很有价值的服务，因为它有可能给公司带来巨额利润。美国航空公司的萨布雷订票系统在 1989 年试图同德尔塔航空公司的戴塔斯订票系统合并，后来由于某些原因而未能成功。根据当时所做的评估，萨布雷订票系统价值 10 亿多美元，占美国航空公司总资产的 25%。

然而，尽管取得如此辉煌的成就，萨布雷订票系统的建立与其说是为了满足乘客的需要，还不如说是为了满足公司的需要。该系统能告诉你飞机上有多少空座位，但却不能告诉你一个乘客是头一次乘这个航班还是第 50 次乘这个航班。它不能分析某位特定乘客的需要，因此也就谈不上按乘客的要求提供相应的服务。可见，萨布雷订票系统在为乘客服务方面还没有实现信息化。

在航空业的各个方面，特别是跟乘客有关的方面实现信息化的可能性是存在的。加拿大国际航空公司正在这方面采取措施。航空公司同所有乘客进行接触的地方有三处：售票区、机场以及飞机上。在同乘客接触的每个地方获取信息并加以利用的航空公司，将胜过那些只在一个地方或少数几个地方获取信息的航空公司。跟那些只通过售票渠道获取乘客有关信息的航空公司相比，在机场和飞机上获取乘客有关信息的航空公司能经营得更有效，并且为乘客服务得更好。要是在每个接触点都实现信息化，便能改进对乘客的服务，提高经营效率。

通过萨布雷订票系统的零售服务系统，直接接受计算机化的订票和卖票服务将日益变得大众化。乘客将设计自己的全部航空旅行计划，其中包括座位安排、用餐和其他各种选择，这样就形成了乘客的信息，以后可在多方面加以利用。例如，航空公司可以利用这些信息向乘客推荐和安排汽车旅馆连锁服务，还可以利用输入乘客数据库的这些信息开办推销联合业务。

在售票区收集乘客的所有相关资料并进行处理之后，收集资料的下一个地方便是机场。银行和快餐业已经靠自我服务电子系统提高了效率，航空公司验票领取登记卡的工作采用自我服务方式也能取得同样的效果。条形码标签和电子跟踪系统将确保行李得到妥善处理，该系统不仅能随时跟踪行李，还能在乘客发现行李丢失后主动采取补救行动。跟联邦捷运公司的包裹运送业务一样，积极、绝对可靠的行李托运业务也是一项能增值的机场业务。它一旦开展起来，自我服务技术、可靠的行李托运以及其他诸如此类的服务，作为能在全行业推广的新业务，将很有发展潜力。

同乘客进行接触的第三个地方，也是另一个收集信息的地方是在飞机上。基本的媒介是一台机载计算机。作为一种多用途网络，它既为乘客服务，又为机组人员和地勤人员服务。这种机载信息网络系统有 3 个目标：降低成本和加强控制、提高服务质量以及创造新的业务机会。这种机载计算机还能为座位上的乘客提供帮助和娱乐。但是放录像时，所有的乘客都得看同一个屏幕，没有选择的余地。但随着技术的更新，每一个座位都将安装录像屏幕，其方法跟目前的声音系统一样，让乘客能更愉快地打发他们在飞机上的时间，乘客将有娱乐、购物、处理公务和收看教育节目的选择。此外，卫星无线电话以及空对地通信也将得到充分的发展，双向通话、收发计算机数据、收发传真，甚至电视电话都可以供乘客使用。

推销航空公司支持性服务，诸如展示供应厂商的商品清单、针对乘客的直接推销和广告宣传，都是新的机上业务机会。这种新业务可以以联合业务（比如说跟国际商用机器公司和波音公司建立的联合业务）的形式进行设计和开展，也可以争取座位靠背推销商、机上厨房制造商和餐饮业者加入，使航空公司信息化获得省钱、增加服务和开展新业务的三大好处。

任何业务都能使用这种适用于航空公司的综合性框架体系来建立自己的信息化系统。这种看法所依据的信念是：任何业务活动都能通过运用新的业务方法和技术得到改善。运用新方法和技术的好处最初往往以提高内部经营效率的形式显示出来的，随着信息化系统的不断完善和发展，企业可以向顾客提供一系列增值服务，使卖主不同于传统的竞争者，最后这些新的经营活动和服务可能脱离出去，成为一项独立的业务，最终发展到可以在收入、利润和市场价值方面同原来的业务相媲美或超过原来的业务的程度。到那个时候，注意的焦点就会从使现有的业务信息化转向经营和管理新的信息业务了。

目前，一些新的信息业务的公司一般都已度过了信息化的早期阶段。各公司管理者普遍认为，他们在遇到麻烦时，也就是在面临竞争压力、利润减少和发展速度变慢等诸多种情况时，需要提高内部效率。一旦调整好内部，下一个步骤就必然是向外扩大信息化管理的优势。它们从修正现有经营活动开始，最终形成一种全新的企业。

案例点评

1. 顾客利益至上

美国航空公司的萨布雷订票系统的建立，与其说是为了满足乘客的需要，还不如说是为了满足公司的需要。该公司主要考虑的是提高效率，而不是如何更好地为乘客提供服务、改善旅途环境。

与此不同的是，加拿大航空公司在与乘客进行接触的部门实现了信息化，以便改进服务和提高效率，这是当今经营者应该考虑的主要问题。在现代市场经济条件下，顾客就是市场，有了市场，企业才有经济效益。因为与顾客的关系是企业经营的生命线，所以，企业要牢固树立顾客利益至上的理念。

2. 内部公众是公众关系工作的起点

企业内部公众主要是指员工。员工是服务的第一线，他们是企业与顾客接触、交流的触角，代表着公司的形象。理顺内部关系是企业“内求团结，外求发展”的起点，尤其是像航空公司这样的服务行业，更应该从内部员工的素质抓起。常言说得好：“打铁还需自身硬”“没有金刚钻，别揽瓷器活”。公司一旦调整好内部关系，下一个步骤就必然是外部公众——主要是顾客。向顾客扩大信息化管理的优势，提供优质服务，服务的标准则是顾客的满意度和公司的美誉度。

资料来源：

［1］万炜，朱国玮. 创业案例集锦［M］. 北京：中国人民大学出版社，2013.

［2］黄金柱. 创业创新经典案例评析［M］. 北京：石油工业出版社，2006.

思考题

1. 列举出计算机信息服务系统的优点。
2. 加拿大航空公司是否还有忽略的地方？
3. 假如你是航空公司员工，你会怎么做？
4. 假如你是乘客，你想接受怎样的服务？

案例三 豆芽菜大王普鲁奇

出生于明尼苏达州的普鲁奇小时候因家境贫寒，时常跑到矿场，捡一些碎矿片卖给游客，以补贴家用。就是这样的生活背景，造就了他日后干大事业的决心。

普鲁奇 14 岁时，每当放学之后就会去附近的一家商店工作。他从粗活开始做起，搬运货物，清洗地板，以自己的劳动换取报酬。当有一些顾客问他有关食品的问题时，他也热心推销，而不像其他搬运工那样只是简单地回答了事。

普鲁奇开始发觉自己的推销天才。后来回想他的幼年时期，他感到，在他开始卖食品之前，一种推销本能可能就在他身上存在了。例如，当他把碎矿片卖给游客时，他就知道把各种不同颜色的矿片装在玻璃瓶里，以便提高价格。因为把矿片装在玻璃瓶里，会使矿片看上去五彩缤纷，让人爱不释手，至少可以多卖一块，有时甚至可以比包装较差的矿片价格高出 4 倍。这就是一种推销秘诀：仅仅以一种稍微不同的方式展示物品，就能提高物品的价值；只不过增加了一点别的东西，就能比竞争者更高一筹。然而，当时普鲁奇在矿场捡矿片时，他并没有意识到他正在学习今后使他变成亿万富翁的技巧。

食品店的经理很快注意到普鲁奇有推销天赋，马上更换他的工作，让他有机会跟顾客接触。在高中三年级的暑假期间，公司派他到总店外面的水果摊工作，他的收入一半是薪水，一半是佣金。有佣金的工作令这位刚出道的推销员兴奋不已，他欣然接受了这份差事。有一天，老板让普鲁奇把在冷冻厂受损的香蕉卖掉——不管以什么价格都可以。结果 3 小时之内，他就把 18 箱香蕉全部卖光了，且价格要比完好无损的香蕉高出 2 倍。普鲁奇在水果摊上赚到的钱已足够他上大学，后来他进入了大学，选择了法律系。

有一天，普鲁奇偶然听说，住在明尼苏达州的一群日本人，用人工方法培植一种古老的东方佳味蔬菜——豆芽菜。当时第二次世界大战正在进行，市场上一片混乱。由于交通问题，有些地方买不到蔬菜。普鲁奇发现，这些日本人毫不费劲地就能立刻把他们所有的豆芽菜卖出去。经过商讨，普鲁奇决定与彼菏——他第一次工作时的商店老板，合作经营豆芽菜。他们请来了几位日本人当顾问，管理豆芽场。普鲁奇跟几位食品包装商人谈，同意他们把普鲁奇生产的豆芽菜装罐或装瓶，转卖给批发店。从此，一项新事业就诞生了。果真，豆芽菜生意兴隆，很快店铺添加了新的水槽，并找了一些商人进行销售。为了赚到更多的钱，普鲁奇准备把豆芽菜装成罐头，但是在大战期间，所有的金属都优先用于军事，老百姓只能获得极其有限的配给。普鲁奇就冒昧地跑到华盛顿，靠他的三寸不烂之舌，一直找到战争生产部门。他以一个气派非凡的名称介绍他自己，他为公司取名“豆芽生产公司”。对政府官员来说，这个公司名字听起来好像是农民协会，而不像一个只有两个人的公司。战争生产部门让这个来自明尼苏达州的推销大王带走了好几百万个稍微受损的罐头桶。普鲁奇在这些罐头桶外面贴上标签，写上了一个东方名字——“芙蓉”。他的豆芽菜事业蓬勃发展。

1940 年中期，普鲁奇借钱购买了合伙人的另一半股权，成为公司的唯一股东。普鲁奇开始觉得“芙蓉”这个名字不够特别，于是便启用了一个新名称——“重庆”。他开始在报纸和周末的刊物上刊登广告，他还用日历来宣传他的公司；他的产品又增加了炒面和其他东方菜；他请他的父母帮忙，在一些味道较淡的菜里加入意大利辣味，以增加味觉。这些调整使他的产品销量继续上升。

为使产品销路更好，普鲁奇雇用福瑞勃替“重庆”设计广告。福瑞勃为普鲁奇设计的广告播放后引起了人们极大的注意，在当时产生了轰动效应。福瑞勃设计的广告，有许多是相互讽刺的。有些人对这种讽刺广告不以为然。一家推销“重庆”食品的大公司写信给普鲁奇，要他停止这种自己挖苦自己的广告。虽然有些大公司对此种做法感到不悦，但收音机的听众和电视观众可高兴了。数以千计的来信称赞这种新颖的、自我挖苦的作品，这些人也买了“重庆”食品。普鲁奇在市场上做过试验，发现每当播出一连串福瑞勃的广告后，“重庆”食品的销售量就会增加 1/3。于是，“重庆”终于变成了一家资产雄厚的大公司。

普鲁奇成功的秘诀是：做出别人不能做或认为不应该做的事。他的狂妄作风，总是显得有点别出心裁。

案例点评

1. 人生的追求

可见，普鲁奇的人生追求不仅仅限于“不碌碌无为而活着”，他的目标是干出惊天动地的伟业。坚定的信念是他行动的动力，贫寒的家境造就其坚强的毅力，善于思考与观察的机灵头脑使他能抓住一切机会。

其实，机会的大门对任何人都公平地敞开着。每个人身边总有许多机会，而我们往往只是不善于识别机会，或者出于种种顾虑或惰性难以捕捉机会。机遇总是给那些有准备的人。

机遇好似命运女神，抓紧她，驾驭她，因势利导，与时变异，你就是成功者。

2. 实践锻炼

普鲁奇具有的推销能力和雄辩口才，实际上是在实践中逐渐锻炼出来的。社会是一所培养人才的大学校，普鲁奇在推销实践中不仅培养了自身的胆略，也锻炼出了雄辩的口才，尤其是他通过推销掌握大众的消费心理，获得如何提高物品价值的秘诀，形成良好的成就事业的基本素质。

3. 别出心裁

普鲁奇成功的秘诀是：做出别人不能做或认为不应该做的事。他的狂妄作风，总是显得有点别出心裁。其实，这是一种可贵的创新意识和冒险精神。

如果我们的生活总是千篇一律，四平八稳，毫无变化，那么生活一百年与生活一天没有什么区别。这样，也就失去了生命延续的真正意义。

哥白尼的天体运行论、卢瑟福的原子模型、新大陆的发现和开垦等，皆始于冒险。人类的一系列发现和创造、社会变革，皆始于冒险。

人的才华、能力，往往需要通过冒险，通过攻克一道道难关，才能锻炼和展现出来。

资料来源：

[1] 万炜，朱国玮. 创业案例集锦 [M]. 北京：中国人民大学出版社，2013.

[2] 黄金柱. 创业创新经典案例评析 [M]. 北京：石油工业出版社，2006.

思考题

1. 普鲁奇的人生追求是什么？
2. 普鲁奇成功的经验是什么？
3. 你对人生的追求有何看法？
4. 如何看待普鲁奇的别出心裁？
5. 这个案例对你有什么启示？

案例四　宏碁公司的再生

1992 年宏碁集团的销售额达 16 亿美元，从业人员约为 5 300 人，是中国台湾电脑行业中最大的企业集团。宏碁公司主要的产品有个人电脑、大型电脑、通信机器等。

宏碁公司的创始人施振荣是靠技术发家的现代企业家。在中国台湾，他享有盛誉，是年轻创业者们的理想目标。1976 年，31 岁的施振荣决定独立创业。

20 世纪 80 年代初期，美国的苹果电脑公司给台湾的信息机器产业带来了巨大的赚钱机会。1981 年，宏碁公司开始销售“小教授”“天龙”等自行开发的个人电脑，接着又推出了苹果电脑的兼容机“小教授二号”。这时，在中国台湾首家进入个人电脑业的宏碁公司把具有长远的眼光、洞察力和耐力的“围棋的战略”运用于企业战略，开始走上成为中国台湾最大的个人电脑厂家的道路。

20 世纪 80 年代，宏碁公司在中国台湾各地举办展销会，每一次都有一万多人参加。例如，在当时规模空前的“千人电脑展”上，由于顾客可以进行电脑的实际操作，因此宏碁公司电脑销售量大增。另外，包揽了中国台湾宏碁产品销售的宏碁科技，在中国台湾开设了 100 多家“资讯广场”，这种广场是 1985 年开始在中国台湾开设的最大的电脑经营连锁店。

另一方面，宏碁公司的海外事业从 20 世纪 80 年代中期开始活跃起来。1984 年，宏碁公司携带“小教授”在东南亚举行巡回展以后，面向东南亚、中东的出口逐渐增加。1989 年，宏碁公司出口的电脑达 100 万台。1987 年，宏碁公司投入 600 万美元收购了美国康点公司。这是宏碁公司通过开展海外事业向小型电脑的技术领域跨出的第一步。从那以后，它又通过在欧美及亚洲主要国家设立生产点以及销售代理店，积极地向海外拓展。1988 年，宏碁公司将公司英文名及品牌名称改为“ACER”。1989 年，宏碁公司以与美国的得克萨斯仪表公司（TI）合办的形式，在中国台湾的新竹开设了 IC（半导体）生产工厂（德半导体公司，TI-ACER），投资总额为 2. 5 亿美元，宏碁公司出资 58%。这个集团内的第一个 IC 工厂是在 1991 年开始生产的，其设计、生产技术全部由 TI 公司提供，产品全部由 TI 公司收购。

1990 年宏碁公司收购了荷兰的袋鼠电脑公司，正式开始在欧洲生产个人电脑。另外，宏碁公司还与德国的戴姆勒 · 奔驰公司旗下的航空宇宙企业 MBB 共同成立了

Ambit 公司，并参与了混合式微电子装置的开发。

同年，宏碁公司又收购了在美国的多用户系统居先导地位的阿尔托斯（Altos），用了 9 400 万美元。然而，从此收购起，宏碁公司开始在美国市场处于不景气状态。尽管如此，宏碁公司仍不断进行海外投资，在墨西哥收购了生产键盘的公司的 19%的股票。一直在中国台湾信息机器产业中起先导作用的宏碁公司，1991 年初首次解雇了 400 名员工，据说原因在于生产成本提高，新产品开发的速度不快，以及组织扩大导致的官僚主义和决策缓慢。这种效率低的经营，使得竞争力下降。宏碁公司陷入困境的时候正值电脑产业出现世界性的不振，而宏碁公司受的冲击更大。同年年底，由于订单减少，工厂开工日数缩短为一周四天。此外，由于在美国收购的 Altos 公司的损失以及低价格竞争等，1991 年整个宏碁集团的决算出现了 2 270 万美元的赤字。

对于购买美国企业所引起的宏碁公司的业绩恶化，施振荣认为是“交了一笔巨额的学费”。然而，他又说，这些钱也绝对没有浪费。他强调，“宏碁”品牌在美国的知名度不低于中国台湾的任何一个电脑企业。

1992 年宏碁公司改善企业素质以后，由于 1993 年电脑业恢复景气，以及台币对美元的汇率降低，宏碁公司的业绩开始好转，在美国的销售额也大为增加。增加的主要原因是生产组装工序合理化以及低价电脑的销售增加。

1994 年 1 月，宏碁集团宣布 1993 年的营业总额超过了 500 亿新台币（约 19 亿美元）。

案例点评

1. “围棋战略”

宏碁公司把具有长远的眼光、洞察力和耐力的“围棋战略”运用于企业战略，开始走上成为中国台湾最大的个人电脑厂家的道路。管理者要想在复杂的市场环境中取得成功，必须要有准确无误的决策。而要做到决策无误，必须对影响市场变化的种种因素进行分析研究，并善于捕捉各种及时的最新信息，善于审时度势，因时而变，相机而动。

因此，一个杰出的管理者，不仅要具备优秀的管理才能，还应当具备独到的市场眼光，以及敏锐的市场洞察力。

2. 展销战略

宏碁公司在中国台湾各地举办展销会，每一次都有一万多人参加。例如，在当时规模空前的“千人电脑展”上，由于顾客可以进行电脑的实际操作，因此宏碁公司电脑销售量大增。另外，包揽了中国台湾宏碁产品销售的宏碁科技，在中国台湾开设了 100 多家“资讯广场”，这些广场都取得了个人电脑实习教室的资格，通过信息的普及和应用，加深了消费者与生产厂家的关系。这种成功的展销战略，在满足了人们一种新的需求的同时，也会为企业带来巨大的利润。

3. 海外战略

海外战略的确立是国际化成功的基础。宏碁公司在开展海外事业上最大的弱点就是缺乏可以作为基础的市场，从而导致1991年年初解雇了400名员工。因此，他们提出了在发展中国家占首位的战略。1991年，宏碁公司在发展中国家的销售比率达到了70%。

4. 研发战略

技术密集型企业应注意研究与开发。宏碁公司在高科技行业的成功，主要是因为它重视研究与开发工作。1988年，公司从事研究开发的工作人员有400人，后增加到800名。宏碁公司一年的研究开发经费在1990年占了销售额的5%，在台湾地区同行中也是最高的。

社会是不断向前发展的，人们的需求也在不断发展和变化着，针对人们的需求，不断开发出优质高效的新产品，是每一个企业发展的不竭动力。一个企业要想赢得长久的发展，就不能满足于现状，而必须与时俱进，不断创新，不断开拓新的领域。

资料来源：

［1］万炜，朱国玮. 创业案例集锦［M］. 北京：中国人民大学出版社，2013.

［2］黄金柱. 创业创新经典案例评析［M］. 北京：石油工业出版社，2006.

思考题

1. 施振荣为什么是年轻创业者们的理想目标？
2. 举办展销会比广告宣传有什么突出的优势？
3. 宏碁公司是怎样从陷入的困境中走出来的？
4. 宏碁公司为何提出发展中国家占首位战略？
5. 你如何理解宏碁公司实施的“围棋战略”？
6. 你从宏碁公司的发展历程中得到哪些启示？

案例五　京都制陶的功力

京都制陶营运不久，就接了松下电子的显像管零件 U 型绝缘体的订单。京都制陶能在创业第一年结算出黑字，全靠 U 型绝缘体的大量订单，但与松下电子做生意也绝非易事。在日本关西地区有句名言，生动描绘出松下电子的难缠——“松下电子会把你尾巴上的毛拔光”。

松下电子对京都制陶也不例外，每年都提出降价要求，甚至要求把年度结算的资料拿给他们过目，滴水不漏地审查、追究。

“你的利润太高了，再让一步怎么样?”

“一般的管理费用不了这么多，价格在这儿还可以降 3%。”京都制陶的管理者担心这样下去无利可图，于是拿掺了“水”的结算书去恳求说：“我们已经是赤字了，请务必多多包涵！实在不能再降价，还望能把价格往上提一提。”松下电子采购部门的人员马上回答说：“这样的话，你们就不用交货了。”

京都制陶的创办人稻盛和夫想，大概真的有其他公司提供更低廉的产品。于是他向松下电子提出京都制陶只拿 5%的适度利润，却遭到拒绝。稻盛发现，即使按成本价，对松下电子也已经毫无意义。这使他深刻体会到：“一切的一切，归结起来只有两件事，一是市场价格，二是降低成本。只要有其他公司原料的价格比我们少一块钱，就说明我们努力不足。”

自此，稻盛禁止公司的技术人员对技术问题纸上谈兵，而降低成本的努力是没有尽头的，不能用“拿到 10%的利润不错了，拿到 15%就可以了”之类的话来搪塞。

京都制陶能够成为一个获利高的公司，关键在于他牢牢地盯住“以最低成本获取最大利润”的目标，并将其当作行动的基准。

为强化员工的成本意识，京都制陶确立了一套被称作“变形虫”经营的经营管理方式。京都制陶是由一个个被称为“变形虫”的最小组织单位构成的。与一般的公司一样，京都制陶也有部、课、系、班的阶层制。与其他企业不同的是，稻盛还组织了一套以“变形虫”小组为单位的独立核算体制。京都制陶有 1 000 个“变形虫”小组，员工共 1 300 人，每人都从属于自己的“变形虫”小组，每个“变形虫”小组平均由十二三人组成，根据情况的不同，有的小组有 50 人左右，而有的只有两三个人。每个小组都要算出原料的采购费、设备折旧费、消耗费、房租等各项经费，然后根据营业额和利润，计算出京都制陶独有的概念“单位时间的附加价值”。从作业程序中前一个小组买入材料，扣除其中所耗经费，再根据把加工后的产品卖给下一个小组的销售额计算出利润，就可以得出每个员工在每个单位时间内所创造的附加值，这就是“变形虫”小组的构成方式。每个小组采购半成品的费用都按一般的市场价格，向下一个小组卖出时也是按照市场价格。公司会按月公布各小组每单位时间内的附加价值、当月的经营状况、每个组员及小组所创造的利润及其占公司总利润的百分比等。譬如说，即使是负责打包的老太婆，也可以明白打包的绳子一根原价是多少，浪费一根绳子就会使利润下降多少，单位时间的附加值会减少多少，而且根据捆绑货物的要求的不同，绳子就尽量买便宜的用。单单这样就可以节省经费，降低成本。这样的经营方式，就将成本意识深入每一位员工心里，将单位时间的附加价值变成浅显易懂的指标。

按小组计算附加值容易追究经营不佳小组负责人的责任。若营业成绩无法提高，就将小组重新组合，所以京都制陶人事变动频繁，小组负责人的调换是很寻常的。“变形虫”小组式经营还有一大优点，就是它可以让公司直接对比生产活动与产值，通过数字把握内部日常活动状况或生产动态，如原材料、经费的上升，库存的增加，每个小组负责人的经营能力等。不论哪个部门效益下降，都能立即判明，以便迅速采取对策。人总是有上进心的，一般人都希望自己今天比昨天做得更好。这种上进心加上动脑筋想办法的自主性，会让一个人有成就感，而成就感则更刺激上进心。大企业的员工一般很难对自己工作的具体成果有实实在在的感觉，他们常常只是一个大系统中的齿轮，很难了解自己究竟对公司有何贡献。从这点看，单位时间的附加价值是激励员工的动力。

每一小组根据订货量尽可能提高合格率，降低原材料的库存量，以减少仓储费用。虽然每个小组的成绩有高低之分，有附加价值很高的，也有根本不值一提的低收益，但公司并不因此在工资、奖金上有差别待遇，对成绩好的小组只是给予表扬，颁赠纪念品。京都制陶始终坚持只给予他们“对公司有贡献”的荣誉，这样做反而更加刺激每位员工的上进心，使他们积极主动投入工作。

稻盛和夫总是一派教课员的样子，认真严肃地告诉员工“做人应该如何”。稻盛让员工相互砥砺，提高每个人的素质，以避免不正当行为，使“变形虫”小组式经营发挥其正常的机能。

“变形虫”小组式经营一方面建立员工的成本意识，强调单位时间的附加价值，另一方面又注重提高人的素质。只有这两方面相辅相成，才能真正发挥作用，而这正是稻盛超凡独特的经营管理方式。

案例点评

1. 奇妙的“变形虫”小组式经营

稻盛和夫作为京都制陶的领导人，面对松下电子每年都提出降价的压力，只好从企业自身抓起，为强化员工的成本意识，京都制陶确立了一套被称作“变形虫”的小组式经营管理方式。

京都制陶是由一个个被称为“变形虫”的最小组织单位构成。与一般的公司一样，京都制陶也有部、课、系、班的阶层制。与其他企业不同的是，稻盛和夫还组织了一套以“变形虫”小组为单位的独立核算体制。

京都制陶的每个员工都从属于自己的“变形虫”小组，并通过小组之间内部结算的方式，计算出京都制陶独有的概念“单位时间的附加价值”。公司会按月公布各小组单位时间内的附加价值。不论哪个部门效益下降，都能立即判明，以便迅速采取对策。

这样就可以节省经费，降低成本。这样的经营方式，就将成本意识深入每一位员工心里，将单位时间的附加价值变成浅显易懂的指标，并让员工为达到这一目标而动脑筋、想办法，每个人对自己的工作都有自主权。

按小组计算附加值容易追究经营不佳小组负责人的责任。若营业成绩无法提高，就将小组重新组合。这便是奇妙的“变形虫”小组式经营的作用。

2. 巧妙地融合成本意识与精神激励

有人说，小企业做事，大企业做人、做管理。在京都制陶，我们看到的却是做事、做人、做管理三者的有机结合，奇妙的“变形虫”小组式经营，不仅是一种效率极高的管理方式，而且巧妙地融合了成本意识与精神激励。这种做法不仅适合许多中小企业，对一些大型企业也很有借鉴意义。因为它与当今盛行的以人为本的文化管理理念是吻合的。

资料来源：

［1］万炜，朱国玮．创业案例集锦［M］．北京：中国人民大学出版社，2013.

［2］黄金柱．创业创新经典案例评析［M］．北京：石油工业出版社，2006.

思考题

1. 京都制陶公司的管理方式是怎样的？
2. 稻盛和夫的管理与一般企业有什么不同？
3. 松下电子和京都制陶双方的谈判对你有什么启示？

4. 稻盛和夫在管理人员上与其他管理者有什么不同之处？

5. 你认为稻盛和夫的管理是不是十全十美的？

6. 你会不会改变“变形虫”式的管理？

7. 假如你是京都制陶的领导人会怎样？

案例六　任天堂公司的“天堂”

任天堂公司是日本一家专营家用电子游戏机和游戏软件的中型公司，原称“任天堂骨牌社”，1889 年成立于京都，原先生产扑克和“花礼”（一种日本游戏牌，各张牌上分别画着松、梅、樱等图案，表示 12 个月，共 48 张）。1949 年，山内溥继承家业就任任天堂骨牌社总经理，1963 年他将公司改名为“任天堂股份有限公司”。

1980 年，任天堂公司开始经营儿童电子游戏机。转产之初销售额仅 230 亿日元，而 10 年后竟超过了 4 500 亿日元，特别是在 1991 年 9 月中期决算中，其经常利润达 761 亿日元，超过东京电力和三菱重工，跃居全国企业第六位，引起日本产业界的极大关注。从职工人均经济指标看，任天堂已大大超过许多大企业，这不能不说是一个奇迹。人们称之为“任天堂之谜”或“任天堂奇迹”。

任天堂的经营方式十分独特，它几乎不在自己的工厂中生产最终产品，而是将生产任务交给合作工厂，然后对合作工厂进行生产指导。这种经营方式使得生产成本大幅度降低。首先，它将优秀的研究开发成果应用于更多的厂家，其研究开发的效率相当高。虽从研究开发费用的绝对数字（37 亿日元）看，耗资确实不少，但在销售额中所占的比例较低。1991 年 3 月的经费决算中，研究开发费用仅占销售总额（4 510 亿日元）的 0. 8%，这在制造业中是相当低的。其次，设备投资费用较少。由于生产的绝大部分都承包给合作工厂，因此正如任天堂总务部部长今西所说的：“所谓设备投资，只不过是供给合作工厂生产新产品的样板和关键技术装置而已。”这就大大节约了设备投资。最后，劳动成本低。目前，任天堂从业人员 840 多人，平均年龄 36. 4 岁，平均每人月工资 34 万日元，奖金大约相当于 5~6 个月的工资。按此计算，任天堂每年发放工资总额约 51. 5 亿日元，占销售额的 1%，占销售成本的 1. 86%，这个比例是非常低的。此外，任天堂不规定退休年龄，职工队伍较为稳定，职工对企业感情很深，工作效率高。总之，低成本、高效率使任天堂的利润大大提高了。

任天堂的成功也是科学决策思想发挥作用的结果。1980 年，任天堂开始经营儿童电子游戏机时，许多人认为经营这种小孩子的玩意儿成不了大气候，但是，总经理山内认为，只要硬件软件配合得好，价格适中，家用电子游戏机将会被大多数的日本孩子接受，甚至会风靡全球。

于是公司开始致力于研制图像清晰、音响动人、反应速度快的硬件，终于在 1983 年推出特别的 CPU（中央处理器）和 PPU（图像处理器）制造的家庭用音像电子游戏机“花迷康”（音译）。同时配之以有趣的游戏软件，加之价格便宜，新产品一炮打响。

1989 年公司又推出了液晶显示的电子游戏机种“竞技男童”（gameboy）。1990 年，任天堂在“花迷康”的基础上又推出性能更加优秀的高级家用电子游戏机“超级花迷康”。以此计算，20 世纪 90 年代初，日本十来岁的小孩中，平均每 2 人就有 1 台任天堂的儿童电子游戏机。

任天堂的领导者充满开拓精神，在“花迷康”日本销售量已超过 500 万台的 1985 年，他们不畏强敌，决定将产品打入美国。“打入美国谈何容易！”许多人表示怀疑。因为美国是计算机技术最为发达的大国，无论硬件技术还是软件研制都居世界前列。其电视游戏软件研制已有相当基础，并出现了像阿达力公司那样专门制作电视游戏软件的公司，曾在美国掀起过“阿达力热”。

面对这样实力雄厚的竞争对手，任天堂的领导者是怎么想的呢？总经理山内认为：电子游戏机的成功与否在于硬件与软件的巧妙组合，在于使用者是否喜欢你的游戏软件。游戏机不同于一般的个人电子计算机，它的重点不在于文字处理和数据计算能力，而在于图像的变化速度、音响的配合等，这些恰好都不是一般个人计算机的长处，况且键盘操作又是儿童不喜欢的。

游戏机软件也不同于一般的商业软件，它需要优秀的脚本，要求对出场的角色进行精心的设计和分析，还需要奇妙的音响配合，任天堂在这方面已有相当的经验，可借此取胜。于是任天堂推出了“花迷康”的美国机种 NES（任天堂娱乐系统），以其装饰新颖、动作迅速、图像优异取得了美国儿童的欢心。经过 6 年的努力，任天堂在美国售出 NES“花迷康”3 000 万台，“超级花迷康”140 万台，“竞技男童”740 万台，总销量超过在日本本国的销售量。20 世纪 90 年代初，差不多每 3 个美国儿童就有 1 台任天堂游戏机。继进军美国之后，任天堂又进军欧洲，1990 年任天堂在欧洲共同体的中心法兰克福设厂。

任天堂的设计思想是一切从用户出发。总经理山内认为，企业的活力就在于得到用户的支持，得不到用户的支持，则其存在的价值就成了问题。例如，在“花迷康”硬件设计上，为满足用户所追求的动作迅速和图像鲜明的效果，任天堂不采用 8 位微型机的中央处理器，而是设计了价格稍高一些，但游戏性能较强的特殊竞技元件。在软件设计方面也是如此，为吸引孩子们，任天堂销售时总是把硬件与软件结合在一起售出。

为了制造出受人欢迎的游戏软件，任天堂集中了许多优秀人才进行开发。但是无论是硬件还是软件，任天堂都不规定开发完成的时间。总经理山内认为：“现在制造出为用户所接受的软件有三个必要条件，首先是开发队伍的才能，其次是开发队伍的工作质量，而绝对必要的则是时间。”当时，在计算机市场上，如果在预告之日拿不出新产品来，就意味着要失去消费者的信任。因此，在期限临近之时，一般公司的开发队伍往往夜以继日地工作，以完成预期的任务——无论最后产品如何。而任天堂认为其“开发不定期限”的做法是由游戏软件的特性所决定的。在非投机的正常贸易中，没有什么商品会像游戏机软件这样强烈地依存于市场，顺利的时候 1 件 3 000 日元到 1 万日元的软件可在日本国内售出 200~300 件，不顺利的时候 1 件都售不出去也是有的。这完全取决于商品能否满足用户的需要。这种游戏软件的用户绝大多数是孩子，他们的好恶决定了软件的命运。

一般来说，孩子们是好奇的。用一般的手法、老一套的格式制造出来的软件，好的情况下最多也只不过售出 10 万件，绝不会引起轰动。相反，如果超出这种水平，能制造出得到用户爆发性支持的软件，就可能在短期内得到巨大利益，这是其他商品无法比拟的。因此，与其限定时间每年制造出两三件可售出 2 万~10 万件的软件，不如花两三年时间制造出一种可卖出几百万件、可得到用户爆发性支持的软件。在这一思想指导下，任天堂成功地售出大量的游戏机和游戏软件。

任天堂的成功，还得益于它自成体系的销售管理。任天堂游戏机只能使用任天堂制作的游戏软件，它与其他厂家的游戏软件不相容：在任天堂游戏机上用的游戏软件只通过专门经营任天堂产品的批发店向零售店批发，如果发现某个零售店廉价卖出软件，则立即切断向该零售店供应软件的渠道。

任天堂游戏软件的制作管理也非常严格，制作可在“花迷康”上使用的软件，必须得到任天堂的认可契约，无此契约不得制作，而且制作完成的软件必须由任天堂组织生产。因此，一个零售店一旦被切断由任天堂来的软件供应渠道，它就再也得不到任天堂的游戏软件了。这种自成体系的销售管理防止了零售店随意降价，这样就能在推出优异软件时取得高额的垄断利润。

案例点评

1. 任天堂成功之因

任天堂的成功主要得益于它独特的经营方式、科学的决策思想和自成体系的销售管理。任天堂的经营方式十分独特，它几乎不在自己的工厂中生产最终产品，而是将生产任务交给合作工厂，然后对合作工厂进行生产指导。这种经营方式使得生产成本大幅度降低。

任天堂的成功也是科学决策思想和领导者开拓精神发挥作用的结果。1980 年，任天堂开始经营儿童电子游戏机时，许多人认为经营这种小孩子的玩意儿成不了大气候。

而事实正好相反，千万台“花迷康”不仅进入日本家庭，还打进美国市场，进军欧洲市场。

任天堂的成功更是一切从用户出发的设计思想或经营理念指导作用的结果。总经理山内认为，企业的活力就在于得到用户的支持，得不到用户的支持，则其存在的价值就成了问题。他们是这样想的，也是这样做的。例如在“花迷康”硬件设计上，为满足用户所追求的动作迅速和图像鲜明的效果，任天堂不采用 8 位微型机的中央处理器，而是设计了价格稍高一些但游戏性能较强的特殊竞技元件。

任天堂的成功，还得益于它自成体系的销售管理。任天堂游戏机只能使用任天堂制作的游戏软件，它与其他厂家的游戏软件不相容。这种自成体系的销售管理防止了零售店随意降价，这样就能在推出优异软件时取得高额的垄断利润。总之，过硬的游戏软件，使任天堂公司上了“天堂”。

2. 独特的经营方式

任天堂的经营方式十分独特，它几乎不在自己的工厂中生产最终产品。这种经营方式使得生产成本大幅度降低。

首先，任天堂将优秀的研究开发成果应用于更多的厂家，其研究开发的效率相当高。虽从研究开发费用的绝对数字（37 亿日元）看，耗资确实不少，但研究开发费用在销售额中所占的比例较低。

其次，设备投资费用较少。由于生产的绝大部分都承包给合作工厂，因此正如任天堂总务部部长今西所说的：“所谓设备投资，只不过是供给合作工厂生产新产品的样板和关键技术装置而已。”这就大大节约了设备投资。

最后，劳动成本低。任天堂不规定退休年龄，职工队伍稳定，职工对企业感情深，工作效率高。低成本、高效率使任天堂的利润大大提高。

资料来源：

[1] 万炜，朱国玮. 创业案例集锦 [M]. 北京：中国人民大学出版社，2013.

[2] 黄金柱. 创业创新经典案例评析 [M]. 北京：石油工业出版社，2006.

思考题

1. 任天堂的经营方式有什么特点？
2. 任天堂成功的因素主要有哪些？
3. 为何任天堂游戏机与其他厂家的软件不相容？兼容会对任天堂造成什么影响？
4. 任天堂的技术开发有什么特点？
5. 你对儿童游戏产品有什么评价？
6. 你认为应该怎样评估市场机会？

案例七　皮尔·卡丹的事业

皮尔·卡丹可称得上是世界的风云人物：他是法国时装业的大师和奇才，足迹遍及五大洲，上至高耸入云的摩天大楼，下至微不足道的领带夹，都使用他的名字做商标，如皮尔·卡丹时装、打火机、香水、手表、地毯、汽车、飞机……几乎一切有形的美化生活的东西都在以皮尔·卡丹为商标的经营范围之内。这样，全方位、多层次的推销战略，使皮尔·卡丹的各项经营走上了一条互为补充、滚动发展的道路，收到了事半功倍的功效。他在98个国家和地区拥有分公司，共有雇员18万人，领到的营业执照超过720个。

1922年7月，皮尔·卡丹出生在意大利的威尼斯近郊。他的父母是意大利人，靠种植葡萄养家糊口。第一次世界大战破坏了他的家庭生计，生活难以维持。卡丹两岁时随父母移居法国的格勒诺布尔。由于他的父亲不会讲法语，到法国后找不到工作，生活更加困难，使得童年的卡丹没有受过多少教育。

在第二次世界大战爆发后的一个早晨，皮尔·卡丹带着一只箱子，骑着一辆自行车前往巴黎。由于他违犯了宵禁令，曾一度被德国占领军投入监狱。卡丹到了巴黎后，身无分文，几乎走投无路。后经人介绍进入帕坎时装店当学徒，从此卡丹开始了他的服装生涯。后来，卡丹又先后转到希芭格里和迪奥时装店工作。

这样，卡丹在巴黎这三家最负盛名的时装店工作了整整5年。由于他勤奋好学，掌握了从设计、裁剪到缝制的全过程，同时卡丹也确立了自己对时装的独特理解。他认为，时装是“心灵的外在体现，是一种和人联系的礼貌标志”。

1950年，羽翼渐丰的卡丹在里什庞斯街一所楼房的陋室里开设了一家时装店，生产和销售戏剧服装和面具。卡丹自己既当老板，又当伙计。1953年，他首次举办了自己设计的女式时装展，并一举成功，他的名字赫然出现在许多报纸上。达官贵人、小姐太太们不嫌他的门面小，纷至沓来。

皮尔·卡丹是一个非常富于创造性的人，他凭借独特的商业眼光，广为开辟，锐意进取，打开了时装的新天地。1953年，他改变了传统的时装经营方式，把量体裁衣、个别定做改为小批量生产成衣并不断更新经营方式。这样，全世界的俊俏妇女才有机会穿上他设计的长裙。后来，他又把主攻方向改为男式时装。当皮尔·卡丹第一次展出各式成衣时，人们就像在参加一次真正的葬礼，他被指责为倒行逆施。结果，他被雇主联合会除了名。不过，数年之后，当他重返这个组织时，他的地位提高了。

1959 年，皮尔·卡丹异想天开，举办了一次借贷展销。这一极其超常的举动，使他遭到失败。服装业的保护性组织时装行会对他的举动万分震惊，因而再次将他抛弃。可他痛定思痛，又东山再起，不到三四年的功夫，居然被这个组织请去担任主席。就这样，皮尔·卡丹的帝国规模越来越大，不仅有男装、童装、手套、围巾、挎包、鞋和帽，还有手表、眼镜、打火机、化妆品，并且向国外扩张，先后在欧洲其他国家、美洲和日本得到了许可证。1968 年，卡丹又转向家具设计。后来他又醉心于烹调，并且还拥有了自己的银行。

“卡丹帝国”从时装起家，始终是法国时装界的先锋。1983 年，卡丹在巴黎举行了题为“活的雕塑”的表演，展示了他 30 年来设计的妇女时装。虽然岁月已流逝了二三十年，可他设计的这些时装仍然显得极有生命力，并不使人有过时的感觉。由于皮尔·卡丹设计刻意追求标新立异，因此，法国的时装界“卡丹革命”的旋风劲吹。

卡丹在经营时装行业的同时，还向其他的行业发展。1981 年，皮尔·卡丹以 150 万美元从一个英国人手里买下了马克西姆餐厅，这一惊人之举在巴黎引起了不小的震动。这家坐落在巴黎协和广场旁边，有着 90 年历史的餐厅当时已濒于破产，前景十分暗淡。不少人不理解卡丹之举，纷纷怀疑这位时装业奇才根本无法使这家老店起死回生。然而三年后，马克西姆餐厅竟然奇迹般地复生了，并且不但恢复了昔日的光彩，而且把它的影响扩大到了整个世界。马克西姆的分店不仅在纽约、东京落了户，同时在布鲁塞尔、新加坡、伦敦、里约热内卢和北京安了家，卡丹经营的以马克西姆为商标的各种食品也成为世界各地家庭餐桌上的美味佳肴。卡丹终于实现了自己的诺言——“执法兰西文明的两大牛耳（时装、烹饪）而面向世界”。

皮尔·卡丹在使马克西姆餐厅起死回生的过程中运用的魔法之一，就是牢固地树立了“信誉第一，顾客至上”的经营思想，在任何情况下，都必须做到让顾客“乘兴而来，满意而去”。马克西姆餐厅是一家历史悠久的餐厅，历史上它服务的对象曾是达官贵族，范围很小。卡丹接手这个餐厅后，在“信誉第一，顾客至上”的经营思想下，尽力保持这个餐厅的古风，至今在马克西姆餐厅的服务员一律为身着燕尾服的男服务员。在服务对象上，马克西姆餐厅向大众开放，使各阶层的人都能光顾。皮尔·卡丹说：“只做少数人生意的经营作风不改，能够生存下去的机会就少得多，只有走大众化的经营战略，才能生意兴隆。”为此，卡丹要求餐厅的服务质量要精益求精。马克西姆餐厅为服务员定了 30 条在服务中应遵守的规则。而这 30 条规则又都是从顾客的角度出发制定的，紧紧抓住了顾客的心理。例如，其中一条规定“在顾客面前必须表现殷勤，使之觉得你总是在为他服务，不给顾客留下被遗忘的感觉”。卡丹反复强调：“要让客人感到在马克西姆餐厅用餐是一种享受。”正是基于这种理念，皮尔·卡丹将简单的餐厅提高到一个享受的高度，不仅能让客人品尝到驰名世界的法式大菜，也让客人享受到马克西姆高水平、有特色的服务，从而使马克西姆餐厅声名鹊起，蒸蒸日上。

皮尔·卡丹是中国人民的朋友。早在1974年他就在天津开设了生产“卡丹”牌头巾和地毯的工厂。1978年，他首次访问中国。1979年，他在北京和上海举办卡丹时装展览会，成为在中国举办时装展览会的第一个外国人。1981年，他又在北京举办了第二次时装展览会，这次的模特儿全是中国人，表演了春夏秋冬各式时装秀；同时，卡丹时装陈列室也在北京天坛公园开幕，以展示卡丹公司的最新产品。1983年，卡丹在北京崇文门附近的原中国旅行社旧址开设了拥有400个座位的马克西姆餐厅和美尼姆斯快餐店。

案例点评

1.“标新求美”战略

皮尔·卡丹从步入法国时装业时就以服装设计敢于突破传统，富于时代感、青春感而著称。他甚至曾因创新而不容于同行，被逐出巴黎时装协会。然而这并未中断他的服装设计事业，反而加速了他的事业发展。他在厚呢料大衣上打折，给新娘穿上超短裙，让模特穿上带网花的长筒袜，用针织面料为男士做西服……

他在20世纪60年代末，推出的一套女式秋季服装就以样式新、料子柔、做工精而成为时髦女郎和年轻太太的抢手货，一时轰动了巴黎。这充分体现了他的设计标新求美，以及他在销售上全方位、多层次的发展战略。

2.“信誉第一，顾客至上”理念

餐厅、饭店经营的好坏关键在于它的经营思想是否正确，把顾客放在什么位置上，是不是在顾客心目中赢得了信誉。皮尔·卡丹在经营马克西姆餐厅的过程中牢固树立了“信誉第一，顾客至上”的理念，将信誉放在餐厅经营的第一位。正是基于这种理念，皮尔·卡丹将简单的餐厅提高到一个享受的高度，不仅能让客人品尝到驰名世界的法式大菜，也让客人享受到马克西姆餐厅高水平、有特色的服务，从而使马克西姆餐厅声名鹊起，蒸蒸日上。

3. 经营战略贵在创新、重在实践

皮尔·卡丹的经营理念、发展战略，应该说也没有太多超人之处。卡丹最终实现了自己的诺言——“执法兰西文明的两大牛耳（时装、烹饪）而面向世界”，关键在于他将自己的思想真正落到了实处，这很值得学习。

资料来源：

[1] 万炜，朱国玮. 创业案例集锦［M］. 北京：中国人民大学出版社，2013.

[2] 黄金柱. 创业创新经典案例评析［M］. 北京：石油工业出版社，2006.

思考题

1. 皮尔·卡丹的经营理念和战略对你有何启发?
2. 皮尔·卡丹为什么会将餐厅经营成功?
3. 皮尔·卡丹为什么会实现自己的诺言?
4. 皮尔·卡丹为什么会取得多元化经营的成功?

资料拓展

创新案例阅读资料

扫一扫

附 录

重庆市人民政府办公厅关于进一步支持大学生创新创业的实施意见

渝府办发〔2022〕90 号

各区县（自治县）人民政府，市政府各部门，有关单位：

为贯彻落实《国务院办公厅关于进一步支持大学生创新创业的指导意见》（国办发〔2021〕35 号），不断提升大学生创新创业能力、增强大学生创新创业活力，经市政府同意，提出如下实施意见。

一、总体要求

以习近平新时代中国特色社会主义思想为指导，深入贯彻党的十九大和十九届历次全会精神，全面落实党中央、国务院决策部署，认真落实市第六次党代会精神，落实立德树人根本任务，坚持创新引领创业、创业带动就业，以提高人才培养质量为核心，以激发创新创业活力为重点，以加速创新创业成果转化为目标，持续深化创新创业教育改革，大力推动创新创业平台提档升级，全面优化创新创业生态，推进创新链、产业链、人才链、资金链、政策链深度融合，努力培养更多创新型人才，推动实现大学生更加充分更高质量就业，为建设具有全国影响力的科技创新中心提供强大的人才智力支撑。

二、主要任务

（一）实施能力提升计划

1. 深化创新创业人才培养改革。将创新创业教育贯穿人才培养全过程，把创新创业教育和实践课程纳入高校必修课体系，面向全体学生开设不低于 2 个学分、不少于 32 学时的创业基础课程，其中实践课时须达 50%。深化高校新工科、新医科、新农科、新文科建设，持续推进高水平“四新”建设高校发展，扎实推进现代产业学院、未来技术学院建设，推动高校建立以创新创业为导向的新型人才培养模式，完善校校、校企、校地、校所协同的创新创业人才培养机制。推进创新创业教育与专业教育深度融合，选择10所左右具有基础条件的高校开展本专科“3+1”“2+1”、研究生专业硕士融合创新创业教育等不同层次类型的创新创业教育模式改革试点，着力培养创新创业专业人才。（责任单位：市教委）

2. 建强创新创业师资队伍。实施“优创优帮”名师导航计划，支持高校建设一批双创导师培训基地，扩大创业培训“马兰花计划”高校教师参与覆盖面，定期开展培训。实施企业家“千人助创”行动计划，探索建立企业家驻校制度，允许高校设置一定比例的流动岗位，选聘1 000名技术技能专家、创业成功者、风险投资人等到高校兼职或挂职任职，承担专业课、创新创业课授课或担任创业导师。完善高校双创指导教师到行业企业挂职锻炼制度，将理论成果、知识产权、创业成果等业绩作为评价创新创业教育专职教师的重要指标。培育高校创业导师1 000名，成立创业导师名家工作室50个。到2025年，全市建成由高校和行业企业专家组成的2 000人双创导师库。（责任单位：市教委、市人力社保局）

3. 强化大学生创新创业培训。打造一批高校创新创业培训活动品牌，落实大学生创业培训政策，支持培训机构研发适用于大学生的创业培训课程，推行“互联网+创业培训”“技能培训+创业培训”等新型培训模式。鼓励高校结合年度教学计划，合理安排时间，自主编制覆盖全体学生的创新创业能力专项培训提升计划，或与教育培训机构、行业协会、企业联合开发创业培训项目。强化培训规范管理，优化课程设计，每年培训1万名准备创业或正在创业的大学生，并按规定给予培训补贴。（责任单位：市人力社保局、市教委）

4. 推进创新创业实践育人。强化实践育人实效，推进以培养创新创业能力为导向的实践教育体系建设，加大实践教学环节比重，促进创新精神培育与创业实践相融合。支持高校结合学科专业特色，联合行业龙头企业建好一批校外大学生创新创业实践教育基地。深入实施大学生创新创业训练计划，扩大专业覆盖面和学生受益面。完善创新创业学分管理，鼓励学生通过学科竞赛、科学研究、发明创造、技术开发、发明专利、社会实践、发表论文等方式获取学分。（责任单位：市教委、市人力社保局）

（二）实施平台提质计划

5. 推动创新创业孵化平台提档升级。进一步发挥大众创业万众创新示范基地带动作用，深入实施创业就业“校企行”专项行动，完善创业基地所在城区在高校周边的产业布局规划，积极推进环大学创新生态圈建设，支持培育一批国家级大学科技园、科技企业孵化器和国家备案众创空间，按规定给予一定经费奖补支持。加快推进西部（重庆）科学城大创谷建设，建强1个核心园、建好6个特色园、建成一批卫星园，构建形成“一核六园”统筹引领、“卫星多点”支撑联动的高校双创孵化体系。力争到2025年年底，围绕全市高校重点打造布局科学、协同发展的环大学创新生态圈15个以上、国家级孵化载体10个以上。（责任单位：市科技局、市发展改革委、市教委、西部科学城重庆高新区管委会）

6. 促进创新资源集聚开放共享。大学科技园、创业园等校内孵化平台要面向在校大学生免费开放，政府投资开发的孵化器等创业载体应安排不低于30%的场地免费提供给高校毕业生。要统筹全市创业载体资源，为有创业意愿的高校毕业生提供10 000个青年人才免费创业工位。鼓励有条件的区县（自治县）政府和两江新区、西部科学城重庆高新区、万盛经开区管委会（以下统称区县政府）结合实际制定政策和标准，对在校生及毕业2年内的高校毕业生到经认定的区域内孵化载体创业的，按规定给予场地租金补贴。（责任单位：市科技局、市人力社保局、市财政局、市经济信息委、市教委，各区县政府）

7. 提升创新创业大赛品牌效应。加强对大学生创新创业大赛的组织领导和统筹协调，实行大学生创新创业大赛备案制度，完善各级各类创新创业大赛、职业技能大赛赛制和办赛模式。建立以中国国际“互联网+”大学生创新创业大赛为核心，各级各类大赛有机衔接的比赛联动机制。实施大学生优质项目遴选培育计划，落实配套支持政策和条件保障，扎实办好中国国际“互联网+”大学生创新创业大赛。充分利用市场化方式，推动大型企业、社会资本发起成立重庆市“互联网+”大学生创新创业大赛项目专项发展基金。（责任单位：市教委、市人力社保局、市科技局、团市委、市国资委、重庆证监局）

8. 建立大学生创新创业信息服务平台。依托西部（重庆）科学城大创谷信息共享中心，建立大学生创新创业信息共享平台，利用云计算、大数据等信息化技术加强创新创业要素资源整合和数据统计分析，及时发布创新创业政策、市场发展趋势和产品需求等，为大学生精准推送行业市场动向和需求等信息。加强对大学生创新创业项目的线上跟踪服务，畅通对接渠道，积极举办适合项目需求的投融资对接会。（责任单位：市教委、西部科学城重庆高新区管委会）

（三）实施服务增效计划

9. 完善创新创业指导服务工作机制。各高校要建立健全大学生创新创业教育和指导服务专门机构，配齐配强创新创业教育与创业就业指导专职教师队伍，确保机构、人员、场地、经费“四到位”。支持有条件的高校成立创新创业学院，进一步理顺工作机制，加强资源统筹协调，切实提升创新创业指导服务效率和水平，努力创建一批国家级、市级创新创业学院和创新创业教育实践基地。（责任单位：市教委）

10. 改进创新创业服务方式。持续提升企业开办服务能力，为大学生创业提供高效便捷的登记服务。加快推进大学生创新创业“一件事”联办，打造大学生创新创业“一站式”服务平台。鼓励各区县政府向高校师生领办、参办的科技型企业提供科技研发与合作、试验研究、检验检测、技术转让，以及财务、法律、管理咨询等方面的服务，降低高校师生创业成本，提升科技型小微企业存活率。各区县政府向社会力量购买服务项目时，在同等条件下优先选择大学生创办的小微企业。优化人才服务环境，探索建立校友荣誉制度，重点吸引在渝校友企业及以校友企业为纽带的社会企业在校投资创业，以“先创”带动“后创”。（责任单位：市人力社保局、市科技局、市市场监管局、市教委、各区县政府）

11. 落实大学生创新创业保障政策。加强政府支持引导，发挥市场主渠道作用，鼓励有条件的区县探索建立大学生创业风险救助机制。毕业后创业的大学生可按规定缴纳“五险一金”，减少大学生创业的后顾之忧。毕业 2 年内登记失业的高校毕业生首次创办小微企业或从事个体经营且正常经营 1 年以上 3 年以下、带动就业 3 人以上并按规定缴纳企业职工基本养老保险的，给予 8 000 元/户的一次性创业补助。落实大学生创业帮扶政策，强化对创业失败大学生的指导帮扶，按规定提供就业服务、就业援助和社会救助。对首次创业失败且在企业注销后登记失业并以个人身份续缴社会保险费的离校 2 年内的大学生，可按规定给予灵活就业人员社会保险补贴。（责任单位：市人力社保局、市财政局、市医保局、市民政局、市教委）

（四）实施项目扶持计划

12. 加大创业项目扶持力度。实施“优创优帮”项目扶持计划，每年择优遴选 50 个左右大学生创业项目，给予一次性不低于 2 万元的扶持资金，并安排导师跟踪帮扶 1 年。实施“渝创渝新”创业启航计划，每年择优遴选 100 个左右高校毕业生创业项目，根据项目质量给予最高 10 万元的资金补助。通过精心指导帮扶，力争在“十四五”期间成功培育打造 500 个以上大学生成功创业典型示范项目。（责任单位：市教委、市人力社保局）

13. 落实减税降费优惠政策。高校毕业生在毕业年度内从事个体经营且符合规定条件的，在 3 年内按一定限额依次扣减其当年实际应缴纳的增值税、城市维护建设税、教育费附加、地方教育附加和个人所得税。对增值税小规模纳税人适用 3%征收率的应税销售收入，免征增值税；适用 3%预征率的预缴增值税项目，暂停预缴增值税。对小微企业和个体工商户按规定减免所得税；对国家级、省级科技企业孵化器和大学科技园，以及国家备案众创空间，按规定免征增值税、房产税、城镇土地使用税。（责任单位：重庆市税务局、市财政局）

14. 强化大学生创新创业金融服务。鼓励金融机构按照市场化、商业可持续原则对大学生创业项目提供金融服务，解决大学生创业融资难题。强化大学生诚信创业和企业征信评价，优化“政担银”“银税互动”金融服务模式，引导金融机构量身定制大学生创新创业金融产品，提供更加方便快捷的金融支持服务。落实创业担保贷款政策及贴息政策，将高校毕业生个人最高贷款额度提高至20万元，对10万元以下贷款、获得区县级以上荣誉的高校毕业生创业者免除反担保要求；对高校毕业生设立的符合条件的小微企业，最高贷款额度提高至300万元；降低贷款利率，简化贷款申报审核流程，提高贷款便利性，支持符合条件的高校毕业生创业就业。（责任单位：市人力社保局、市财政局、重庆市税务局、人行重庆营管部、重庆银保监局）

15. 引导社会力量支持大学生创新创业。充分发挥社会资本作用，以市场化机制促进社会资源与大学生创新创业需求更好对接，引导创新创业平台投资基金和社会资本参与大学生创业项目早期投资与投智。鼓励社会组织、公益团体、企事业单位和个人设立大学生创业风险基金，完善政府创业投资引导资金、社会公益基金、天使投资基金、股权投资基金多元扶持大学生创新创业机制。支持天使投资、创业投资发展，对创业投资企业、天使投资人投资于未上市的中小高新技术企业以及种子期、初创期科技型企业的投资额，按规定抵扣所得税应纳税所得额。（责任单位：市科技局、市财政局、重庆证监局、重庆市税务局）

（五）实施成果转化计划

16. 建立完善成果转化机制。成立“重庆市高校科技成果转化服务中心”，打造“政产学研金介用”全要素一体化服务平台，联合区县政府、专业机构常态化开展高校科技创新和大学生创业成果转移转化工作，定期举办成果发布会，建立大学生创新创业成果与行业产业对接长效机制，促进大学生双创成果在有关行业企业推广应用。强化激励导向，加快落实以增加知识价值为导向的分配政策，完善落实成果转化奖励和收益分配机制。支持教师以对外转让、合作转化、作价入股等形式将科技成果转移转化，鼓励教师带领学生共同创业。（责任单位：市教委、市国资委、市科技局、西部科学城重庆高新区管委会、市人力社保局）

17. 健全成果转化服务体系。支持行业企业面向大学生发布企业需求清单，引导大学生精准创新创业。鼓励国有大中型企业面向高校和大学生发布技术创新需求，开展“揭榜挂帅”。推动区县、企业和大学生创新创业团队加强合作对接，各区县科技园、产业园要积极承接高校科技成果和大学生创新创业项目入园落地发展。做好大学生创新项目知识产权保护工作，鼓励有条件的学校开展知识产权选修课程，引导推荐大学生创新创业项目申请专利。支持西部（重庆）科学城大创谷各高校园区、环大学创新生态圈学校试点开设科技成果转化系统课程，对高校师生进行专业培训辅导。推动高校建设一批成果转化服务机构或基地，培养不少于200人的技术经纪人队伍。（责任单位：市科技局、市经济信息委、市国资委、市知识产权局、市教委、各区县政府）

18. 促进大赛项目落地转化。优化大赛项目落地服务体系，汇集政府、企业、高校及社会资源，加强对在中国国际“互联网+”大学生创新创业大赛等市级以上大赛中涌现出来的优秀创新创业项目的后续跟踪支持，落实科技成果转化相关税收优惠政策，推动一批大赛优秀项目落地。支持获奖项目成果转化，推动形成大学生创新创业示范效应，对在“互联网+”“中国创翼”“创客中国”“中国创新创业”“创青春”等国家级大赛中获得奖项及市级大赛获得一等奖的大学生创新创业项目，1 年内在市内完成企业注册登记，经评估符合条件的，可纳入“渝创渝新”创业启航计划进行扶持；鼓励各区县结合实际制定奖励政策和标准，吸引更多大赛获奖项目落地发展。（责任单位：市人力社保局、市教委、市科技局、市经济信息委、团市委、市财政局、市市场监管局、重庆市税务局、各区县政府）

三、保障措施

（一）加强组织领导

各区县政府要加强组织领导，优化创新创业环境，积极研究制定和落实支持大学生创新创业的政策措施。市级有关部门要加强协调联动，形成工作合力，推动支持大学生创新创业各项政策落地落实。各高校要落实创新创业教育的主体责任，建立工作机制，制定和落实具体工作方案，扎实推进大学生创新创业工作。

（二）加强宣传引导

大力宣传加强高校创新创业教育、促进大学生创新创业工作的重要性、必要性，及时总结推广各区县、各高校的好经验好做法，选树大学生创新创业成功典型，丰富宣传形式、培育创客文化，营造敢为人先、宽容失败、社会支持的创新创业良好生态。

重庆市人民政府办公厅

2022 年 8 月 3 日

国家级大学生创新创业训练计划管理办法

第一章 总 则

第一条 为贯彻落实全国教育大会和新时代全国高等学校本科教育工作会议精神，根据《国务院办公厅关于深化高等学校创新创业教育改革的实施意见》（国办发〔2015〕36号）要求，深入推进国家级大学生创新创业训练计划（以下简称国创计划）工作，深化高校创新创业教育改革，提高大学生创新创业能力，培养造就创新创业生力军，加强国创计划的实施管理，特制定本办法。

第二条 国创计划是大学生创新创业训练计划中的优秀项目，是培养大学生创新创业能力的重要举措，是高校创新创业教育体系的重要组成部分，是深化创新创业教育改革的重要载体。

第三条 国创计划坚持以学生为中心的理念，遵循“兴趣驱动、自主实践、重在过程”原则，旨在通过资助大学生参加项目式训练，推动高校创新创业教育教学改革，促进高校转变教育思想观念、改革人才培养模式、强化学生创新创业实践，培养大学生独立思考、善于质疑、勇于创新的探索精神和敢闯会创的意志品格，提升大学生创新创业能力，培养适应创新型国家建设需要的高水平创新创业人才。

第四条 国创计划围绕经济社会发展和国家战略需求，重点支持直接面向大学生的内容新颖、目标明确、具有一定创造性和探索性、技术或商业模式有所创新的训练和实践项目。国创计划实行项目式管理，分为创新训练项目、创业训练项目和创业实践项目三类。

（一）创新训练项目是本科生个人或团队，在导师指导下，自主完成创新性研究项目设计、研究条件准备和项目实施、研究报告撰写、成果（学术）交流等工作。

（二）创业训练项目是本科生团队，在导师指导下，团队中每个学生在项目实施过程中扮演一个或多个具体角色，完成商业计划书编制、可行性研究、企业模拟运行、撰写创业报告等工作。

（三）创业实践项目是学生团队，在学校导师和企业导师共同指导下，采用创新训练项目或创新性实验等成果，提出具有市场前景的创新性产品或服务，以此为基础开展创业实践活动。

第二章 管理职责

第五条 教育部是国创计划的宏观管理部门，主要职责是：

（一）制定国创计划实施的有关政策，编制发展规划，发布相关信息。

（二）制定国创计划管理办法，组织开展项目立项、结题验收等工作，加强项目的规范化管理。

（三）制定国创计划成效评价指标体系，定期组织开展实施情况评价。

（四）组建国创计划专家组织，加强大学生创新创业工作研究，推进高校创新创业教育经验交流。

（五）组织举办全国大学生创新创业年会，推进大学生创新创业学术交流和成果推介。

第六条　省级教育行政部门主要职责是：

（一）根据本区域经济社会发展特点，指导、规范本区域大学生创新创业训练计划运行和管理，推动本区域高校加强大学生创新创业教育工作。

（二）负责组织区域内高校国创计划立项申报、过程管理、结题验收等工作，按照工作要求向教育部报送相关材料。

（三）负责区域内参与国创计划高校交流合作、评估监管等工作。

第七条　高校是国创计划实施和管理的主体，主要职责是：

（一）制定本校大学生创新创业教育管理办法，开展创新创业教育教学研究与改革。

（二）负责国创计划项目的组织管理，开展项目遴选推荐、过程管理、结题验收等工作。

（三）制定相关激励措施，引导教师和学生参与国创计划。

（四）为参与项目的学生提供技术、场地、实验设备等条件支持和创业孵化服务。

（五）搭建项目交流平台，定期开展交流活动，支持学生参加相关学术会议，为学生创新创业提供交流经验、展示成果、共享资源的机会。

（六）做好本校国创计划年度总结和上报工作。

第三章　项目发布与立项

第八条　教育部根据国家经济社会发展和国家战略需求，结合创新创业教育发展趋势，确定重点资助领域，制定重点资助领域项目指南，引导国创计划项目申请。

第九条　国创计划项目申报基本条件：

（一）项目选题具有一定的学术价值、理论意义或现实意义。鼓励面向国家经济社会发展、具有一定理论和现实意义的选题，鼓励直接来源于产业一线、科技前沿的选题。

（二）选题具有创新性或明显创业教育效果。鼓励开展具有一定创新性的基础理论研究和有针对性的应用研究课题，鼓励新兴边缘学科研究和跨学科的交叉综合研究选题。

（三）选题方向正确，内容充实，论证充分，难度适中，拟突破的重点难点明确，研究思路清晰，研究方法科学、可行。鼓励支持学生大胆创新，包容失败，营造良好创新创业教育文化。

（四）项目团队成员原则上为全日制普通本科在读学生，成员基本稳定，专业、能力结构较为合理。每位学生同一学年原则上只能参与一个项目。鼓励跨学科、跨院系、跨专业的学生组成团队。

（五）项目申请团队应选择具有较高学术造诣、较好创新性成果、热心教书育人、关爱学生成长的教师作为导师，鼓励企业人员参与指导或共同担任导师。

（六）创新训练项目和创业训练项目获得经费支持平均不低于 2 万元/项，创业实践项目获得经费支持平均不低于 10 万元/项。高校根据学科专业特点，确定项目资助额度标准。

第十条　根据教育部发布的国创计划申报要求，符合立项申请基本条件的项目向所在高校提出申请，高校评审遴选后报省级教育行政部门和教育部审核备案。

第十一条　教育部组织专家对申报项目进行审核后发布立项通知。

第四章　项目过程管理

第十二条　高校应加强对国创计划的管理，成立由校领导牵头、相关职能部门组成的国创计划管理机构，确定主管部门。管理机构负责协调落实条件保障，主管部门负责国创计划日常管理。

第十三条　项目负责人要负责项目的整体推进，按照计划开展工作，加强团队建设和管理，加强与导师和管理人员的沟通联系，并组织好相关报告撰写工作。项目负责人和项目内容原则上不得变更，特殊情况经学校有关部门审批后执行。

第十四条　国创计划经费应专款专用。学生要在相关教师指导下，严格执行学校相关财务管理规定。

第十五条　国创计划项目所在高校应建立国创计划师生培养培训机制，加强对国创计划项目团队成员和导师的培训和管理。

第十六条　鼓励项目团队积极参加中国“互联网+”大学生创新创业大赛等创新创业赛事和“青年红色筑梦之旅”等活动。

第十七条　推动国创项目不断提高整体水平和发挥示范带动作用。高校应充分发挥国创计划引领示范作用，及时总结学生在项目中取得的成绩，协调解决存在的问题。支持高校通过举办大学生创新创业年会等方式加强国创计划成员之间的学习交流。

第五章　项目结题与公布

第十八条　国创计划项目完成后，均需进行结题验收，履行必要的结项手续。

（一）国创计划项目结题验收工作由所在学校组织。学校应组织校内外专家对国创计划项目进行结题验收，并将验收结果报省级教育行政部门审核备案。

（二）省级教育行政部门按年度向教育部报送本区域高校国创计划项目验收结果，并组织开展项目抽查。

（三）教育部对省级教育行政部门报送的验收结果进行审核，并将审核结果公布。

第十九条　国创计划项目结题验收结论的申诉。国创计划项目团队成员、导师，如对结题验收结论有异议，可向高校有关部门提出。

第二十条　国创计划项目结题信息公开对外服务。相关网站向公众提供结题信息服务，助推高校创新创业教育深入发展。

第六章　项目后期管理

第二十一条　高校对通过结题验收的项目团队成员可根据实际贡献给予学分认定，对导师给予相应工作量认定。

第二十二条　建立国创计划年度进展报告制度。高校要按年度编制国创计划项目进展报告，内容应包括项目整体概况、教育教学改革探索、项目组织实施与管理、支持措施和实施成效等。年度报告报省级教育行政部门和教育部备案。

第二十三条　国创计划项目执行较好的高校可向教育部申请承办全国大学生创新创业年会。

第七章　附　则

第二十四条　在国创计划实施中，凡是属于国家涉密范围的，均按照相关保密法规执行。

第二十五条　各省级教育行政部门、各高校根据本办法制定实施细则。

第二十六条　本办法自公布之日起施行。

国务院办公厅关于进一步支持大学生创新创业的指导意见

国办发〔2021〕35 号

各省、自治区、直辖市人民政府，国务院各部委、各直属机构：

纵深推进大众创业万众创新是深入实施创新驱动发展战略的重要支撑，大学生是大众创业万众创新的生力军，支持大学生创新创业具有重要意义。近年来，越来越多的大学生投身创新创业实践，但也面临融资难、经验少、服务不到位等问题。为提升大学生创新创业能力、增强创新活力，进一步支持大学生创新创业，经国务院同意，现提出以下意见。

一、总体要求

以习近平新时代中国特色社会主义思想为指导，深入贯彻落实党的十九大和十九届二中、三中、四中、五中全会精神，全面贯彻党的教育方针，落实立德树人根本任务，立足新发展阶段、贯彻新发展理念、构建新发展格局，坚持创新引领创业、创业带动就业，支持在校大学生提升创新创业能力，支持高校毕业生创业就业，提升人力资源素质，促进大学生全面发展，实现大学生更加充分更高质量就业。

二、提升大学生创新创业能力

（一）将创新创业教育贯穿人才培养全过程。深化高校创新创业教育改革，健全课堂教学、自主学习、结合实践、指导帮扶、文化引领融为一体的高校创新创业教育体系，增强大学生的创新精神、创业意识和创新创业能力。建立以创新创业为导向的新型人才培养模式，健全校校、校企、校地、校所协同的创新创业人才培养机制，打造一批创新创业教育特色示范课程。（教育部牵头，人力资源社会保障部等按职责分工负责）

（二）提升教师创新创业教育教学能力。强化高校教师创新创业教育教学能力和素养培训，改革教学方法和考核方式，推动教师把国际前沿学术发展、最新研究成果和实践经验融入课堂教学。完善高校双创指导教师到行业企业挂职锻炼的保障激励政策。实施高校双创校外导师专项人才计划，探索实施驻校企业家制度，吸引更多各行各业优秀人才担任双创导师。支持建设一批双创导师培训基地，定期开展培训。（教育部牵头，人力资源社会保障部等按职责分工负责）

（三）加强大学生创新创业培训。打造一批高校创新创业培训活动品牌，创新培训模式，面向大学生开展高质量、有针对性的创新创业培训，提升大学生创新创业能力。组织双创导师深入校园举办创业大讲堂，进行创业政策解读、经验分享、实践指导等。支持各类创新创业大赛对大学生创业者给予倾斜。（人力资源社会保障部、教育部等按职责分工负责）

三、优化大学生创新创业环境

（四）降低大学生创新创业门槛。持续提升企业开办服务能力，为大学生创业提供高效便捷的登记服务。推动众创空间、孵化器、加速器、产业园全链条发展，鼓励各类孵化器面向大学生创新创业团队开放一定比例的免费孵化空间，并将开放情况纳入国家级科技企业孵化器考核评价，降低大学生创新创业团队入驻条件。政府投资开发的孵化器等创业载体应安排30%左右的场地，免费提供给高校毕业生。有条件的地方可对高校毕业生到孵化器创业给予租金补贴。（科技部、教育部、市场监管总局等和地方各级人民政府按职责分工负责）

（五）便利化服务大学生创新创业。完善科技创新资源开放共享平台，强化对大学生的技术创新服务。各地区、各高校和科研院所的实验室以及科研仪器、设施等科技创新资源可以面向大学生开放共享，提供低价、优质的专业服务，支持大学生创新创业。支持行业企业面向大学生发布企业需求清单，引导大学生精准创新创业。鼓励国有大中型企业面向高校和大学生发布技术创新需求，开展“揭榜挂帅”。（科技部、发展改革委、教育部、国资委等按职责分工负责）

（六）落实大学生创新创业保障政策。落实大学生创业帮扶政策，加大对创业失败大学生的扶持力度，按规定提供就业服务、就业援助和社会救助。加强政府支持引导，发挥市场主渠道作用，鼓励有条件的地方探索建立大学生创业风险救助机制，可采取创业风险补贴、商业险保费补助等方式予以支持，积极研究更加精准、有效的帮扶措施，及时总结经验、适时推广。毕业后创业的大学生可按规定缴纳“五险一金”，减少大学生创业的后顾之忧。（人力资源社会保障部、教育部、财政部、民政部、医保局等和地方各级人民政府按职责分工负责）

四、加强大学生创新创业服务平台建设

（七）建强高校创新创业实践平台。充分发挥大学科技园、大学生创业园、大学生创客空间等校内创新创业实践平台作用，面向在校大学生免费开放，开展专业化孵化服务。结合学校学科专业特色优势，联合有关行业企业建设一批校外大学生双创实践教学基地，深入实施大学生创新创业训练计划。（教育部、科技部、人力资源社会保障部等按职责分工负责）

（八）提升大众创业万众创新示范基地带动作用。加强双创示范基地建设，深入实施创业就业“校企行”专项行动，推动企业示范基地和高校示范基地结对共建、建立稳定合作关系。指导高校示范基地所在城市主动规划和布局高校周边产业，积极承接大学生创新成果和人才等要素，打造“城校共生”的创新创业生态。推动中央企业、科研院所和相关公共服务机构利用自身技术、人才、场地、资本等优势，为大学生建设集研发、孵化、投资等于一体的创业创新培育中心、互联网双创平台、孵化器和科技产业园区。（发展改革委、教育部、科技部、国资委等按职责分工负责）

五、推动落实大学生创新创业财税扶持政策

（九）继续加大对高校创新创业教育的支持力度。在现有基础上，加大教育部中央彩票公益金大学生创新创业教育发展资金支持力度。加大中央高校教育教学改革专项资金支持力度，将创新创业教育和大学生创新创业情况作为资金分配重要因素。（财政部、教育部等按职责分工负责）

（十）落实落细减税降费政策。高校毕业生在毕业年度内从事个体经营，符合规定条件的，在 3 年内按一定限额依次扣减其当年实际应缴纳的增值税、城市维护建设税、教育费附加、地方教育附加和个人所得税；对月销售额 15 万元以下的小规模纳税人免征增值税，对小微企业和个体工商户按规定减免所得税。对创业投资企业、天使投资人投资于未上市的中小高新技术企业以及种子期、初创期科技型企业的投资额，按规定抵扣所得税应纳税所得额。对国家级、省级科技企业孵化器和大学科技园以及国家备案众创空间按规定免征增值税、房产税、城镇土地使用税。做好纳税服务，建立对接机制，强化精准支持。（财政部、税务总局等按职责分工负责）

六、加强对大学生创新创业的金融政策支持

（十一）落实普惠金融政策。鼓励金融机构按照市场化、商业可持续原则对大学生创业项目提供金融服务，解决大学生创业融资难题。落实创业担保贷款政策及贴息政策，将高校毕业生个人最高贷款额度提高至 20 万元，对 10 万元以下贷款、获得设区的市级以上荣誉的高校毕业生创业者免除反担保要求；对高校毕业生设立的符合条件的小微企业，最高贷款额度提高至 300 万元；降低贷款利率，简化贷款申报审核流程，提高贷款便利性，支持符合条件的高校毕业生创业就业。鼓励和引导金融机构加快产品和服务创新，为符合条件的大学生创业项目提供金融服务。（财政部、人力资源社会保障部、人民银行、银保监会等按职责分工负责）

（十二）引导社会资本支持大学生创新创业。充分发挥社会资本作用，以市场化机制促进社会资源与大学生创新创业需求更好对接，引导创新创业平台投资基金和社会

资本参与大学生创业项目早期投资与投智，助力大学生创新创业项目健康成长。加快发展天使投资，培育一批天使投资人和创业投资机构。发挥财政政策作用，落实税收政策，支持天使投资、创业投资发展，推动大学生创新创业。（发展改革委、财政部、税务总局、证监会等按职责分工负责）

七、促进大学生创新创业成果转化

（十三）完善成果转化机制。研究设立大学生创新创业成果转化服务机构，建立相关成果与行业产业对接长效机制，促进大学生创新创业成果在有关行业企业推广应用。做好大学生创新项目的知识产权确权、保护等工作，强化激励导向，加快落实以增加知识价值为导向的分配政策，落实成果转化奖励和收益分配办法。加强面向大学生的科技成果转化培训课程建设。（科技部、教育部、知识产权局等按职责分工负责）

（十四）强化成果转化服务。推动地方、企业和大学生创新创业团队加强合作对接，拓宽成果转化渠道，为创新成果转化和创业项目落地提供帮助。鼓励国有大中型企业和产教融合型企业利用孵化器、产业园等平台，支持高校科技成果转化，促进高校科技成果和大学生创新创业项目落地发展。汇集政府、企业、高校及社会资源，加强对中国国际“互联网+”大学生创新创业大赛中涌现的优秀创新创业项目的后续跟踪支持，落实科技成果转化相关税收优惠政策，推动一批大赛优秀项目落地，支持获奖项目成果转化，形成大学生创新创业示范效应。（教育部、科技部、发展改革委、财政部、国资委、税务总局等按职责分工负责）

八、办好中国国际“互联网+”大学生创新创业大赛

（十五）完善大赛可持续发展机制。鼓励省级人民政府积极承办大赛，压实主办职责，进一步加强组织领导和综合协调，落实配套支持政策和条件保障。坚持政府引导、公益支持，支持行业企业深化赛事合作，拓宽办赛资金筹措渠道，适当增加大赛冠名赞助经费额度。充分利用市场化方式，研究推动中央企业、社会资本发起成立中国国际“互联网+”大学生创新创业大赛项目专项发展基金。（教育部、国资委、证监会、建设银行等按职责分工负责）

（十六）打造创新创业大赛品牌。强化大赛创新创业教育实践平台作用，鼓励各学段学生积极参赛。坚持以赛促教、以赛促学、以赛促创，丰富竞赛形式和内容。建立健全中国国际“互联网+”大学生创新创业大赛与各级各类创新创业比赛联动机制，推进大赛国际化进程，搭建全球性创新创业竞赛平台，深化创新创业教育国际交流合作。（教育部等按职责分工负责）

九、加强大学生创新创业信息服务

（十七）建立大学生创新创业信息服务平台。汇集创新创业帮扶政策、产业激励政策和全国创新创业教育优质资源，加强信息资源整合，做好国家和地方的政策发布、解读等工作。及时收集国家、区域、行业需求，为大学生精准推送行业和市场动向等信息。加强对创新创业大学生和项目的跟踪、服务，畅通供需对接渠道，支持各地积极举办大学生创新创业项目需求与投融资对接会。（教育部、发展改革委、人力资源社会保障部等按职责分工负责）

（十八）加强宣传引导。大力宣传加强高校创新创业教育、促进大学生创新创业的必要性、重要性。及时总结推广各地区、各高校的好经验好做法，选树大学生创新创业成功典型，丰富宣传形式，培育创客文化，营造敢为人先、宽容失败的环境，形成支持大学生创新创业的社会氛围。做好政策宣传宣讲，推动大学生用足用好税费减免、企业登记等支持政策。（教育部、中央宣传部牵头，地方各级人民政府、各有关部门按职责分工负责）

各地区、各有关部门要认真贯彻落实党中央、国务院决策部署，抓好本意见的贯彻落实。教育部要会同有关部门加强协调指导，督促支持大学生创新创业各项政策的落实，加强经验交流和推广。地方各级人民政府要加强组织领导，深入了解情况，优化创新创业环境，积极研究制定和落实支持大学生创新创业的政策措施，及时帮助大学生解决实际问题。

国务院办公厅

2021 年 9 月 22 日

教育部关于做好2023届全国普通高校毕业生就业创业工作的通知

教学〔2022〕5号

各省、自治区、直辖市教育厅（教委），新疆生产建设兵团教育局，有关省、自治区人力资源社会保障厅，部属各高等学校、部省合建各高等学校：

党的二十大明确指出，人才是第一资源，实施就业优先战略，强化就业优先政策，健全就业促进机制，促进高质量充分就业。高校毕业生是国家宝贵的人才资源，是促进就业的重要群体。为深入学习贯彻党的二十大精神，全面落实党中央、国务院对高校毕业生就业创业工作的决策部署，教育部决定实施“2023届全国普通高校毕业生就业创业促进行动”，各地各高校要切实增强责任感使命感，紧密结合实际，创新思路举措，千方百计促进高校毕业生多渠道就业创业，奋力开创高校毕业生就业创业工作新局面。现就做好2023届高校毕业生就业创业工作通知如下。

一、更大力度开拓市场化社会化就业渠道

1. 深入开展市场化岗位开拓行动。各地各高校要深入开展全国高校书记校长访企拓岗促就业专项行动，二级院系领导班子成员也要积极参与。鼓励高校与对接企业和用人单位开展集中走访，深化多领域校企合作。教育部在全国范围内组织开展“校园招聘月”“就业促进周”等岗位开拓和供需对接系列活动。充分发挥全国普通高校毕业生就业创业指导委员会和行业协会作用，完善“分行业就指委+分行业协会”促就业工作机制。

2. 实施“万企进校园计划”。各地各高校要充分发挥校园招聘主渠道作用，在符合新冠肺炎疫情防控要求的前提下，积极举办线下校园招聘活动，确保校园招聘活动有序开展。高校要创造条件主动邀请用人单位进校招聘，支持院系开展小而精、专而优的小型专场招聘活动。

3. 全面推广使用国家大学生就业服务平台。教育部将进一步优化升级国家大学生就业服务平台功能和服务，不断提升平台专业化、智能化、便利化水平。各省级大学生就业网站、各高校就业网站要于2022年12月底之前，全部与国家大学生就业服务平台互联互通，实现岗位信息共享。鼓励地方和高校依托平台联合举办区域性、行业性专场招聘活动。各地各高校要指导2023届毕业生、毕业班辅导员、就业工作人员及时注册使用平台，确保有需要的毕业生都能及时获得就业信息。

4. 充分发挥中小企业吸纳就业作用。开展民营企业招聘高校毕业生专项行动，精准汇集推送岗位需求信息。会同有关部门举办“全国中小企业人才供需对接大会”“民企高校携手促就业”“全国中小企业网上百日招聘高校毕业生”“全国民营企业招聘月”等活动，为中小企业招聘高校毕业生搭建平台。各地教育部门要配合本地相关部门落实对中小微企业吸纳高校毕业生的优惠政策，支持开发创造更多适合高校毕业生的就业岗位。各高校要加强与中小企业的供需对接，为中小企业进校招聘提供便利，引导更多高校毕业生到中小企业就业。

5. 支持自主创业和灵活就业。各地各高校要积极鼓励和支持高校毕业生自主创业，在资金、场地等方面向毕业生创业者倾斜，为高校毕业生创新创业孵化、成果转化等提供服务。推动中国国际“互联网+”大学生创新创业大赛等大学生创业项目转化落地。各地教育部门要配合有关部门落实灵活就业社会保障政策，为毕业生从事新形态就业提供支持，推动灵活就业规范化发展，切实维护高校毕业生合法权益。

二、充分发挥政策性岗位吸纳作用

6. 优化政策性岗位招录安排。各地教育部门要配合有关部门统筹好政策性岗位招录时间安排，尽早安排高校升学考试、公务员和事业单位、国企等政策性岗位招考及各类职业资格考试。充分发挥政策性岗位稳就业作用，稳定并适度扩大招录高校毕业生规模。发挥国有企业示范作用，办好第四季“国聘行动”。

7. 积极拓宽基层就业空间。各地教育部门要积极配合有关部门挖掘基层医疗卫生、养老服务、社会工作、司法辅助、科研助理等就业机会，组织实施好“特岗计划”“三支一扶”“西部计划”等基层就业项目，拓展“城乡社区专项计划”，鼓励扩大地方基层项目规模，引导更多毕业生到中西部地区、东北地区、艰苦边远地区和基层一线就业创业。健全支持激励体系，落实好学费补偿贷款代偿、考研加分等优惠政策。

8. 积极配合做好大学生征兵工作。各地各高校要密切军地协同，加大征兵宣传进校园工作力度，畅通入伍绿色通道，配合兵役机关做好兵员预征预储、高校毕业生征集等工作。各地教育部门要研究制定细化方案和实施办法，落实好退役普通高职（专科）士兵免试参加普通专升本招生、退役大学生士兵专项硕士研究生招生计划等优惠政策。

三、建设高质量就业指导服务体系

9. 全面加强就业指导。高校要健全完善分阶段、全覆盖的大学生生涯规划与就业指导体系，确保有需要的学生都能获得有效的就业指导。要进一步完善就业创业指导课程标准，打造一批就业指导名师、优秀就业指导课程和教材。充分利用“互联网+就业指导”公益直播课等各类资源，提升就业创业指导课程质量和实效。要通过校企供需对接、职业规划竞赛、简历撰写指导、面试求职培训、一对一咨询等多种形式，为学生提供个性化就业指导和服务。要打造校内外互补、专兼结合的就业指导教师队伍，鼓励用人单位、行业组织更多参与高校生涯教育和就业指导。

10. 深入推进就业育人。各地各高校要把就业教育和就业引导作为“三全育人”的重要内容，深入开展就业育人主题教育，引导高校毕业生保持平实之心，客观看待个人条件和社会需求，从实际出发选择职业和工作岗位。开展就业育人优秀案例创建活动，选树一批就业典型人物，积极引导高校毕业生到祖国需要的地方建功立业。

11. 切实维护毕业生就业权益。各地各高校要积极营造平等就业环境，在各类校园招聘活动中，不得设置违反国家规定的有关歧视性条款和限制性条件。配合有关部门畅通投诉举报渠道，对于存在就业歧视、招聘欺诈、“培训贷”等问题的用人单位，要纳入招聘“黑名单”并及时向高校毕业生发布警示提醒。加强就业安全教育，督促用人单位与高校毕业生签订劳动（聘用）合同或就业协议书，帮助和支持毕业生防范求职风险，维护就业权益。积极配合有关部门推进毕业生就业体检结果互认。

四、精准开展重点群体就业帮扶

12. 健全就业帮扶机制。各地各高校要重点关注脱贫家庭、低保家庭、零就业家庭、残疾等困难高校毕业生，建立帮扶工作台账，按照“一人一档”“一人一策”精准开展就业帮扶工作。健全“一对一”帮扶责任制，高校和院系领导班子成员、就业指导教师、班主任、专任教师、辅导员等要与困难学生开展结对帮扶，确保每一个困难学生都得到有效帮助。做好离校未就业毕业生不断线服务。

13. 深入实施宏志助航计划。继续组织实施“中央专项彩票公益金宏志助航计划——全国高校毕业生就业能力培训项目”，开展线上线下就业能力培训，提升毕业生就业竞争力。各地各高校和各培训基地要精心组织实施，配备优秀师资，优化培训内容，提升培训质量。鼓励各地各高校配套设立省级、校级项目，推动“宏志助航计划”覆盖更多毕业生。各地要强化培训基地管理，宣传推广优秀典型经验。

五、简化优化求职就业手续

14. 稳妥有序推进取消就业报到证。《国务院办公厅关于进一步做好高校毕业生等青年就业创业工作的通知》（国办发〔2022〕13 号）明确，从 2023 年起，不再发放《全国普通高等学校本专科毕业生就业报到证》和《全国毕业研究生就业报到证》（以下统称就业报到证），取消就业报到证补办、改派手续，不再将就业报到证作为办理高校毕业生招聘录用、落户、档案接收转递等手续的必需材料。各地要制定落实取消报到证的工作方案。各省级教育部门和高校要加强与组织、公安、人力资源社会保障等部门的工作协同，做好相关工作的衔接，向用人单位和毕业生开展解读宣传，耐心细致做好指导咨询，帮助毕业生顺利完成就业报到、落户和档案转递。

15. 建立毕业去向登记制度。根据国务院办公厅有关文件要求，从2023年起，教育部门建立高校毕业生毕业去向登记制度，作为高校为毕业生办理离校手续的必要环节。全面推广使用全国高校毕业生毕业去向登记系统。各地各高校要统筹部署、精心安排，指导本地本高校毕业生（含结业生）按规定及时完成毕业去向登记。实行定向招生就业办法的高校毕业生，各省级教育部门和高校要指导其严格按照定向协议就业并登记去向信息。教育部有关单位根据有关部门需要和毕业生本人授权，统一提供毕业生离校时相应去向登记信息查询核验服务。

16. 强化就业统计监测工作。各地各高校要严格落实就业统计监测工作“四不准”“三严禁”要求，严格执行毕业生就业统计监测工作违规处理办法，对违反规定的高校和相关人员，严肃查处通报，纳入负面清单管理。严格落实就业统计监测规范要求，严格审核学生就业信息及相关佐证材料。组织开展就业统计监测专门培训，强化高校毕业生就业数据的报送、统计和分析工作。持续开展毕业生就业状况布点监测，丰富完善布点监测内容。

六、完善就业与招生培养联动机制

17. 健全完善就业反馈机制。各地各高校要建立完善就业与招生、培养联动的有效机制，把高校毕业生就业状况作为高等教育结构调整的重要内容。引导高校重点布局社会需求强、就业前景广、人才缺口大的学科专业，及时淘汰或更新升级已经不适应社会需要的学科专业。教育部将把高校毕业生就业状况作为“双一流”建设成效评价、学科专业设置和评估、招生计划安排等工作的重要依据。实行高校毕业生就业去向落实率红黄牌提示制度。深入开展高校毕业生就业状况跟踪调查，调查结果作为衡量高校人才培养质量的重要参考。

18. 深化就业工作评价改革。探索实施高校毕业生就业工作合格评价，建立部、省两级就业工作合格评价机制，促进高校就业工作制度化、规范化。加强全国就业工作优秀经验宣传推广，推动高校毕业生就业工作能力和服务水平不断提升。

七、加强组织领导

19. 压紧压实工作责任。各地各高校要把高校毕业生就业摆在突出重要的位置，落实就业“一把手”工程，建立健全主要领导亲自部署、分管领导靠前指挥、院系领导落实责任、各部门协同推进、全员参与的协调机制，将就业工作纳入领导班子考核重要内容。建立完善就业风险防范化解机制，确保安全稳定。各省级教育行政部门适时牵头成立高校毕业生就业工作专班，制定工作方案，明确任务清单，全力推进各项工作任务。教育部将省级人民政府及相关职能部门制定促进毕业生就业政策及其实施情况，纳入省级人民政府履行教育职责评价重要内容。

20. 加强就业工作机构和队伍建设。各地教育部门、各高校要积极创造条件认真落实高校毕业生就业机构、人员、场地、经费“四到位”要求，根据本地实际情况，明确提出各项指标要求，并报教育部备案。各高校要配齐配强就业指导人员，鼓励就业指导人员按要求参加相关职称评审。组织开展毕业班辅导员、就业工作人员全员培训，加大资源供给和培训保障力度。

21. 做好就业总结宣传工作。大力宣传就业工作典型高校、用人单位和先进人物。持续开展全国普通高校毕业生就业创业工作典型案例总结宣传，推出一批具有推广价值的优秀案例。各地各高校要多渠道、全方位宣传国家就业创业政策，营造全社会关心支持毕业生就业的良好氛围。

教育部

2022 年 11 月 14 日